乡村人居环境营建丛书

浙江大学乡村人居环境研究中心

王 竹 主编

国家自然科学基金资助项目：长三角地区村落"田园综合体"营建模式与策略（51708488）

基于多元主体"利益—平衡"机制的乡村营建策略与实践

孙佩文　著

U0161406

东南大学出版社
SOUTHEAST UNIVERSITY PRESS

·南京·

内 容 提 要

　　当前多元主体参与乡村营建热潮取得乡村土地利用创新和产业发展成就的同时,也形成了以工商资本为中心的空间格局和利益结构。本书基于对土地使用权制度的认知,通过识别村集体主体性面临的内外挑战,解析了多元主体利益失衡机理,进而建立多元主体利益平衡的精准赋能空间营建模式,从主体性、空间、功能、景观四个维度提出精准赋能空间的营建策略和实施原则,并以安吉县碧门村为例开展实证研究,为多元主体"利益—平衡"的乡村营建提供理论的支持与方法的指导。

　　本书的目标读者是有志于投身乡村建设的建筑学、城乡规划专业高年级本科生、研究生。公共管理和农村经济领域的研究人员也能从本书中受益。

图书在版编目(CIP)数据

基于多元主体"利益—平衡"机制的乡村营建策略与
实践 / 孙佩文著. — 南京 : 东南大学出版社,2024.2
(乡村人居环境营建丛书 / 王竹主编)
ISBN 978 - 7 - 5766 - 1162 - 5

Ⅰ. ①基… Ⅱ. ①孙… Ⅲ. ①农业建筑−建筑设计
Ⅳ. ①TU26

中国国家版本馆 CIP 数据核字(2024)第 018355 号

责任编辑:宋华莉　　责任校对:李成思　　封面设计:企图书装　　责任印制:周荣虎

基于多元主体"利益—平衡"机制的乡村营建策略与实践
Jiyu Duoyuan Zhuti "Liyi—Pingheng" Jizhi De Xiangcun Yingjian Celüe Yu Shijian

著　　者	孙佩文
出版发行	东南大学出版社
出 版 人	白云飞
社　　址	南京市四牌楼 2 号(邮编:210096　电话:025 - 83793330)
网　　址	http://www.seupress.com
电子邮箱	press@seupress.com
经　　销	全国各地新华书店
印　　刷	南京玉河印刷厂
开　　本	787 mm×1092 mm　1/16
印　　张	9.75
字　　数	226 千字
版　　次	2024 年 2 月第 1 版
印　　次	2024 年 2 月第 1 次印刷
书　　号	ISBN 978 - 7 - 5766 - 1162 - 5
定　　价	68.00 元

本社图书若有印装质量问题,请直接与营销部联系,电话:025 - 83791830。

序

　　本书源自孙佩文的博士学位论文《基于多元主体"利益—平衡"机制的乡村营建模式与实践研究》。她从浙江大学建筑学专业本科毕业后被保送到我这里攻读直博研究生。其间参与了浙江湖州、贵州遵义等多地的乡村营建研究和规划实践,对村民主体与乡村营建之间的关系进行了有益的探索,又扎根乡村数月进行了深入考察。在与她多次讨论与研判之后,确立了将基于村民主体利益的乡村营建策略作为其研究的方向。

　　通过田野调研和乡村建设实践,我们发现乡村营建涉及的领域不仅限于引导和控制村庄的空间建设,实现公共空间与基础设施等公共产品的供给,还涉及乡村土地资源的整合开发、村民生计和就业等。在很长一段时期内,乡村营建主要依靠地方政府和农民个体,财政相对有限,乡村自身的动能并不充分,产业调整与经济发展缺少各种动力要素。实施乡村振兴战略,是党中央十九大做出的重大决策,标志着乡村营建进入了新时期。在集体土地制度改革以及涉农政策的助推下,工商资本作为集资金、技术、运维等优势的主体,成为乡村营建的一股重要新生力量。汇聚乡村土地使用权,各种空间概念(田园综合体、特色小镇等)层出不穷,产业转型、空间营造更是让人眼花缭乱,其中不乏业界知名设计公司、明星团队的参与。

　　针对这一乡村营建热潮,我们始终保持着对"乡建真实"的关注而进行冷静的思考。乡村融生产、生活、生态于一体,彼此相互影响和制约,更特殊之处在于以土地集体所有制为基础,区分"内"和"外"、"我们"和"他们"等基本法则。诚然,由政府、村民、资本、社会等多元主体参与乡村营建的探索是值得肯定的,但透过投资快速增长、"网红打卡地"等光环,我们看到了资本长期、大规模流转土地,空间绅士化等处于法规政策模糊地带的营建行为,更无法忽视因价值取向、组织结构等差异造成的村集体和村民利益边缘化的趋势。广大农民主体被隔离在市场之外,农民主体陷入被雇佣关系,受益极为有限,导致其积极性不高、责任心不强。

　　当前,乡村建设中的这种外力角色偏失值得警惕。地方政府和工商资本二者之间有着资源互补的诉求,走"精英联盟"的道路便于相互之间的资源整合,有望实现互惠互利、相辅相成的目的,但会导致强制性乡村建设主体结构的变迁,以"资本"为主体取代以小农群体为根本的国家本底。以资本项目为优先的"策略运营"是由企业家、地方干部等少数主体驱动的,导致在乡村建设及产业发展过程中的"精英联盟"在结构性匹配上实现了最大化的"精英联盟"利益,进而给"小农主体"带来能力、目标、行动方面的严重结构性缺损,受到了多重的显性和隐性损失。

　　针对以上的背景和问题,如何进行乡村营建策略的创新,使村民主体地位、生计方式、合作组织与物质空间得到均衡与健康的发展,成为本书关注的焦点。本书作者以乡村集体、地方政府、工商资本等多元主体的"利益—平衡"机制为视角,立足于"大国-小农"的国情,针对乡村土地使用权制度的创新供给与发展需求之间的矛盾、"强资本"与"弱集体"在能力与价值之间的差异,通过对组织机制、利益目标、运维逻辑的综合研判,建立了乡村营建主体与空间本体的关联,明确了乡村多元主体利益平衡的精准赋能的空间营建模式与策略,研究成果对于乡村营建研究与实践探索具有重要的学术价值和现实意义。

2023 年 2 月

于西溪蝶园

前　言

我国城市化建设开展以来,乡村的劳动力、土地等要素不断流向城市,生产与生活空间不断退化,乡村公共产品供给不足,呈现出低效的土地利用格局。以城带乡、反哺乡村的新农村建设取得了巨大的成就,但乡村产业发展需要更多的市场助力。近年来,工商资本下乡助推产业发展的同时,大肆圈地、过度商业化、变相开发房地产等行为让村民产生相对剥夺感。对乡村营建而言,做到在利用好工商资本的资金、技术、能力等优势的同时,能够让地方政府、工商资本、村集体的利益得到平衡,并使乡村的物质空间和村民的生计就业得到实质提升具有重要意义。

本书试图探求在现有的土地使用权制度下以地方政府治理创新为前提的乡村营建模式与优化方法,为村集体更好地实现与工商资本共生共荣提供依据。通过大量查阅以资本下乡为背景的田野调查文献资料,广泛借鉴制度经济学、公共管理学的经典理论,并就资本下乡项目进展、多元主体利益矛盾、产业竞争优势劣势等内容在乡村实地调研中重点关注和掌握,最终从规划学和建筑学角度提出理论观点并运用于乡村营建实践中。以乡村营建为主旨内容,依循制度认知、主体把握、机理解析、模式生成和实证研究的逻辑顺序进行论述

第一,从整体上解读了乡村土地使用权制度在逐步融合的城乡土地市场环境下的演进机制。围绕集体土地使用权流转和土地用途,对新中国成立以来的立法进程、国家与地方政策进行了梳理,理解和认识当前乡村土地利用复杂形态的历史渊源。得出我国渐进式土地制度变迁中,以城市经济发展为中心的地方政策发挥了更多治理作用,制度为集体利益带来了基本福利,同时也对其造成了经济制约。

第二,对村集体的主体性把握。从村集体内部来看,分散的家庭经营、虚置的集体经营,导致乡村经济组织处于"有分无统"的状态,缺乏市场竞争力和效率。从外部环境来看,村集体的主体性则面临双重挑战:一方面,工商资本创造更多的利润,长期经营土地以及企业家社会资本所构成的逐利能动性对村集体构成压力;另一方面,地方政府因政绩竞争而产生经济增长需求和不均衡的乡村公共投资,影响了乡村人力资本及自治实现。

第三,对工商资本下乡的多元主体利益失衡过程与机理进行解析。从"能力-目标-行动"三个方面分析工商资本主导乡村产业发展与土地利用的过程:资本与乡村权威、地方政府形成精英联盟,强化了其主体能力;通过大规模占地和融资,谋划企业价值链优化的土地

利用;在资本空间运营过程中,对物质空间的营造,消费者行为与体验,以及包括村民在内的员工个体劳动实施全面控制行动。精英联盟的能力、目标、行动的结构性匹配,村集体的能力、目标、行动的结构性缺损,导致在乡村建设及产业发展过程中,前者实现了最大化的精英联盟利益,而后者则受到了多重的显性与隐性损失。

第四,提出多元主体利益平衡的精准赋能空间营建模式。提出多元主体的利益平衡目标,并从村集体的主体性增强、产业重组与空间重构、资本与村集体空间功能动态调适,以及产业文化特色与景观风貌共塑四个方面提出精准赋能空间的营建策略和实施原则。

第五,以安吉县碧门村为例进行实证研究,运用研究的成果进行理论的支持与方法的指导。

本书力图以贴近社会现实的姿态为制度转型背景下多元主体参与乡村营建模式的改进提供思路,其研究成果可能是相对的和局部的,但基本目的在于通过对村集体利益的维护和加强,引发对我国乡村营建机制与优化策略的思考和提升。

笔者
2023 年 2 月

浙江大学建筑工程学院
乡村人居环境研究中心

农村人居环境的建设是我国新时期经济、社会和环境的发展程度与水平的重要标志,对其可持续发展适宜性途径的理论与方法研究已成为学科的前沿。为贯彻落实《国家中长期科学和技术发展规划纲要(2006—2020年)》的要求,加强农村建设和城镇化发展的科技自主创新能力,为建设乡村人居环境提供技术支持,2011年成立了浙江大学建筑工程学院乡村人居环境研究中心(简称"中心")。

"中心"整合了相关专业领域的优势创新力量,长期立足于乡村人居环境建设的社会、经济与环境现状,将自然地理、经济发展与人居系统纳入统一视野。

"中心"在重大科研项目和重大工程建设项目联合攻关中的合作与沟通,积极促进多学科交叉与协作,实现信息和知识的共享,从而使每个成员的综合能力和视野得到全面拓展;建立了实用、高效的科技人才培养和科学评价机制,并与国家和地区的重大科研计划、人才培养实现对接,努力造就一批国内外一流水平的科学家和科技领军人才,注重培养一批奋发向上、勇于探索、勤于实践的青年科技英才。建立一支在乡村人居环境建设理论与方法领域具有国内外影响力的人才队伍,力争在地区乃至全国农村人居环境建设领域的领先地位。

"中心"按照国家和地方城镇化与村镇建设的战略需求与发展目标,整体部署、统筹规划、重点攻克一批重大关键技术与共性技术,强化村镇建设与城镇化发展科技能力建设,开展重大科技工程和应用示范。

"中心"从6个方向开展系统的研究,通过产学研相结合,将最新研究成果用于乡村人居环境建设实践中:① 村庄建设规划途径与技术体系研究;② 乡村社区建设及其保障体系;③ 乡村建筑风貌以及营造技术体系;④ 乡村适宜性绿色建筑技术体系;⑤ 乡村人居健康保障与环境治理;⑥ 农村特色产业与服务业研究。

"中心"承担有国家自然科学基金重点项目——"长江三角洲地区低碳乡村人居环境营建体系研究""中国城市化格局、过程及其机理研究";国家自然科学基金面上项目——"长江三角洲绿色住居机理与适宜性模式研究""基于村民主体视角的乡村建造模式研究""长江三角洲湿地类型基本人居生态单元适宜性模式及其评价体系研究""基于绿色基础设施评价的长三角地区中小城市增长边界研究";"十二五"国家科技支撑计划课题——"村镇旅游资源开发与生态化关键技术研究与示范";"十三五"国家重大科技计划项目子课题——"长三角地区基于气候与地貌特征的绿色建筑营建模式与技术策略""浙江省杭嘉湖地区乡村现代化进程中的空间模式及其风貌特征""建筑用能系统评价优化与自保温体系研究及示范""江南民居适宜节能技术集成设计方法及工程示范"等。

"中心"完成了120多个农村调研与规划设计;出版专著15部,发表论文300余篇;已培养博士50余人、硕士230余人;为地方培训8000余人次。

目　录

1 绪 论

1.1 背景:乡村建设与产业发展新趋势

1.1.1 乡村建设要求的阶段性变化

新中国成立后至改革开放之前,在农业辅助工业、农村辅助城市的二元格局下,乡村空间长期延续着传统聚落的格局。改革开放初期,家庭联产承包责任制的推行和乡镇企业的蓬勃发展,调动了自主建设乡村的积极性,农业空间、工业空间、生活空间都得到了较大的改善和发展。然而随着城市化的推进,农用地、劳动力等要素不断流向城市,乡村的生产和生活空间停滞甚至退化。由于长期以来缺乏有效的乡村规划的统一管理与引导,村民建设行为散漫:一方面随着经济的发展而不断外拓,新建农房在主要交通沿线蔓延;另一方面又在内部空废化,许多农房因村民外迁空置而破败,整体呈现出低效的土地利用格局。集体经济的衰落使得乡村公共产品供给处于真空状态,村庄风貌则受到城市化的影响,表现为传统文脉延续性的断裂。

2006 年"十一五"规划纲要做出了"建设社会主义新农村"的战略决策,提出"生产发展、生活宽裕、乡风文明、村容整洁、管理民主"二十字方针,城乡一体化的思路逐渐清晰。在地区空间布局上,量大面广的中心村建设推动了自然村集聚发展——既有助于集约高效的公共产品供给,也与"城乡建设用地增减挂钩"等目标存在关联。受到国家财政专项资金的扶持,建设项目大量流入,也带来了外部建设者的各种观念,乡村风貌变得更加复杂多样:既包括对某些风格的原样移植,也不乏风格之间的随意拼接;有基于地域文脉的建筑创作,也有对传统聚落的保护修复。

产业发展是乡村建设的首要目标,国家引导了乡村产业发展的具体方向:2007 年中央一号文件提出建设现代农业,开发农业的多种功能;同年,国家旅游局、农业部发布了《关于大力推进全国乡村旅游发展的通知》,提出"把发展乡村旅游作为建设社会主义新农村的有效途径之一,通盘考虑,整体规划"。2009 年,国务院《关于加快发展旅游业的意见》提出"实施乡村旅游富民工程。开展各具特色的农业观光和体验性旅游活动。在妥善保护自然生态、原居环境和历史文化遗存的前提下,妥善利用民族村寨、古村古镇,建设特色景观旅游村镇,规范发展'农家乐'、休闲农庄等旅游产品"。2013 年中央一号文件再次聚焦现代农业,提出家庭农场的概念。2016 年中央一号文件鼓励以共享经济为代表的新经济领域的发展。2018 年中央一号文件《中共中央 国务院关于实施乡村振兴战略的意见》提出了"产业兴旺、生态宜居、乡风文明、治理有效、生活富裕"二十字方针。与新农村建设的二十字方针相似的是,产业被放在了首要位置,差别在于其蕴含着乡村产业要具有市场竞争力的更高要求。

1.1.2 资本下乡投资产业发展

资本下乡最初指的是中国加入世贸组织后城市资本和跨国资本不断从流通领域扩展到农产品生产和加工领域,以大规模进行农用地流转为典型表现的农业市场化现象。2013 年《中共中央 国务院关于加快发展现代农业 进一步增强农村发展活力的若干意见》首次提出"鼓励和引导城市工商资本到农村发展适合企业化经营的种养业",掀起了资本投资农业的热潮。

近年来,到乡村参与土地整理、建设新农村、开发乡村休闲旅游的现象日益增多,资本下乡的内涵也随之拓展①。尤其是乡村旅游业,既关联了建筑业、交通运输业等多个产业,又能促进消费,成为施政的重要内容。例如 2019 年 9 月《关于进一步加强农村宅基地管理的通知》提出,"鼓励村集体和农民盘活利用闲置宅基地和闲置住宅,通过自主经营、合作经营、委托经营等方式,依法依规发展农家乐、民宿、乡村旅游等",并要求"城镇居民、工商资本等租赁农房居住或开展经营的,要严格遵守合同法的规定"。

以城市消费市场为导向,资本在各地进行乡村土地用途和空间产品开发的具体样态远比国家政策更复杂。如由东方园林产业集体投资 50 亿元建设的江苏省无锡阳山田园东方项目,处于平原水网地带,被称为国内首个田园综合体,规划总面积达 416 hm²,包含了现代农业、休闲文旅、田园社区三大板块,后两个板块营利模式本质上是"旅游＋地产",即以文化旅游、农庄旅游开发提升土地价值,用旅游消费带动商业/办公/酒店租赁运营和住房产品销售②。与田园综合体相比,占地约 24 hm²、位于浙江省德清县山地丘陵地带的裸心谷度假村就显得"迷你"了,绿色建筑是这一度假村的重要设计理念,亚洲和非洲建筑风格的融合反映出资本团队的国际背景。在资本下乡这一进程中,乡村由单一的农业生产功能向包含农业生产、休闲旅游、度假居住等多种功能转变,也进一步影响了乡村空间格局的演变。

逐利是资本的天性,目前各个学科对资本下乡究竟是与民争利还是有利农民众说纷纭。乡村营建涉及的领域不仅限于引导和控制村庄的居住环境建设,实现公共空间与基础设施等公共产品的供给,还涉及乡村的土地资源资产整合开发、专业合作社发展、村民生计和就业等。投入诸多创新和思考的乡村规划设计,承载着乡村建设者们对村美民富的深切盼望。但现实是,地方政府的财政相对有限,乡村自身的经营能力也不足,产业与经济发展缺少资金、技术等要素,而这些恰恰是工商资本能够带来的。因此乡村营建研究需要针对资本下乡的新情况,弥补认知上的盲区,创新营建模式,使资本下乡与村集体更好地实现共生共荣。

---

① 焦长权,周飞舟."资本下乡"与村庄的再造[J].中国社会科学,2016(1):100-116.
② 李文君.观光农业的规划设计理论发展探析:以无锡阳山田园东方为例[J].中国园艺文摘,2016,32(7):116-120.

1.2　研究对象与概念界定

1.2.1　研究对象

本书的研究对象是小规模人口聚居、拥有农用地资源的乡村。

（1）小规模人口聚居。大部分研究对乡村与城市的分界均以人口规模确定。例如 R.J. 约翰斯顿在《人文地理学词典》中定义，"乡村包含小规模的、无秩序分布的村落，其建筑物与周围的广阔的景观有强烈的依存关系"[①]。不同国家人口基数划分标准有所差异。法国国家科学院将乡村细分为镇、村和自然村落，对应的划分标准分别为 500～1999 人、500 人以下有行政中心、500 人以下无行政中心[②]。地理学者金其铭将我国常住人口不超过 2500 人的居民点称为乡村[③]。从行政的角度，我国地方政府通常将行政村规模控制在 1000～2000 人，实施村庄撤并工作。

（2）农用地资源。农用地资源首先支持了农业作为乡村的基本产业功能，耕地指向了粮食作物生产，园地、林地、牧草地、养殖水面等则支持蔬果、林业、牧业、养殖业等多种产业形式，田园、森林、牧场等也是一种景观资源，具有被打造为休闲旅游目的地的潜力。通过土地利用规划，农用地可以转变为各种功能的建设用地。而因为整体搬迁、城市发展征用，许多村庄基本失去了农用地，村民不能务农，资本下乡更是无从谈起，这类移民村、城中村不在本书探讨的范围内。

由于农地所有权主体一般为村集体，本书的研究对象大致等同于行政村。当然现实中也存在将村民小组集体作为农地所有权主体的例子，应特殊对待。

1.2.2　相关概念界定

1）工商资本下乡

资本，在经济学中指的是以营利为目的的私有财产，包括货币、房屋、机械等[④]。按照国家统计局《三次产业划分规定》，工商资本泛指第二、第三产业范围内的生产经营企业，主要涵盖制造业、建筑业、商贸流通、房地产、金融等领域[⑤]。

工商资本进入乡村的方式有两种：第一种是以土地经营者的角色从村民或者从村集体那里流转土地，然后配置房屋、设施、劳动力等生产要素，进行生产活动；第二种是进入商品

① 约翰斯顿. 人文地理学词典[M]. 北京：商务印书馆，2004：622.
② 范冬阳，刘健. 第二次世界大战后法国的乡村复兴与重构[J]. 国际城市规划，2019，34(3)：87-95.
③ 金其铭. 中国农村聚落地理[M]. 南京：江苏科学技术出版社，1989：28-30.
④ 萨缪尔森. 经济学[M]. 北京：商务印书馆，2013：51-54.
⑤ 任晓娜，孟庆国. 工商资本进入农村土地市场的机制和问题研究：安徽省大岗村土地流转模式的调查[J]. 河南大学学报(社会科学版)，2015，55(5)：53-60.

流通与服务环节,以推广技术、资金融通、保障营销等为主要内容。当前普遍讨论的工商资本下乡相关问题,都以流转土地为特征①。

因此本书将工商资本下乡定义为,以第二、第三产业为主业的企业带着相应技术、知识、管理和资金,在乡村的地域范围内集结土地、劳动力等要素,建立生产设施,以营利为目的进行商品或服务生产的过程。

2) 利益平衡

经济学认为,行为主体在社会经济生活中都以自身利益的最大化为追求。利益的形式,可以是经济的,即能用货币加以衡量;也有非经济的,如政治声望、荣誉奖励、社会知名度等。一般从经济效益出发去解释企业、村民个体的行为,也有企业或村民个体受道德、声誉、信仰等非经济利益驱使而做出为乡村修桥、铺路、捐款等举动。政府通过对乡村投入财政资金,提供公共服务和产品,促进经济发展、设施完善、巩固政治声望、获得政治提拔,同时取得税收、土地出让金收入等。因此本书中的利益,包含一段时期乡村范围内土地流转、产业发展的经济效益以及公共服务和产品,由村民个体、企业和地方政府共享。

平衡的字面意思为衡器两端的重量相等而齐平、无倾斜。利益平衡意味着两主体获得对等的待遇和收益。由于利益既包括经济效益,又涵盖无法用货币准确衡量的公共服务和产品,因此利益平衡存在一定的模糊性。

本书认为,多元主体利益平衡的必要条件和基本原则为法定地位平等和利益协商。利益平衡应体现为主体之间法定地位的平等。现代立法以权利与义务为机制,影响人们的行为动机,指引人们的行为,实现利益分配;立法通过法律人格抽象化,将权利与义务普遍化②。政策的制定亦应遵循相同的机制。否则,容易出现某些主体权利特殊化、在利益分配中占据优势地位,而某些主体权利残缺、在利益分配中处于下风的情形。利益平衡也可以通过在法律和政策未尽之处,地方政府、工商资本、村集体(假设多数村民已取得一致意见)就经济效益的分配比例以及公共服务和产品的形式、内容等形成合约,并忠实履行。

1.3　研究目的与意义

乡村融生产、生活、生态于一体,彼此相互影响和制约,形成一个复杂系统。其更特殊之处在于以土地集体所有为基础,区分"内"和"外"、"我们"和"他们"。由于户籍制度的存在,大量进城村民往返于城乡之间。出于提高农业生产效率、提升土地利用效率的乡村营建目标考虑,地方政府纷纷提出通过集体土地流转、闲置宅基地盘活等方式吸引企业落地,也有企业主动到乡村寻找发展机遇,出现了各种新的空间概念("田园综合体""特色小镇"等)。

---

① 冯小. 去小农化:国家主导发展下的农业转型[D]. 北京:中国农业大学,2015.
② 张斌. 论现代立法中的利益平衡机制[J]. 清华大学学报(哲学社会科学版),2005,20(2):68-74.

但目前国家法律法规对工商资本与乡村集体的利益连接要求模糊,也未就空间规模、功能做出明确限制,如果任凭前者以经济利益为根本目标流转和利用集体土地,将带来大量的经济、社会、生态问题,影响乡村可持续发展建设的最终目标。

在乡村土地使用权、产业发展行为主体、空间与功能受到资本下乡影响而发生转型的背景下,本书以乡村营建为主旨内容,以"利益"为切入点,探讨乡村营建的模式与方法,尝试为扭转乡村的衰落和消亡提供符合经济发展规律的有效指导。其意义如下:

理论意义:通过研究村集体利益保护的基本内涵和政商利益目标、行为与空间特征,建立村集体、工商资本、地方政府之间基于土地流转与产业发展的利益格局生成机理,构建多元主体利益平衡的乡村营建模式与方法,为资本下乡背景下的乡村发展建设提供一定的理论指导。本研究丰富了村集体利益保护在当前资本主导产业发展模式中的新内涵,进一步拓展了乡村营建理论研究的政治和经济维度。

实践意义:乡村营建研究是以实践为导向的应用性课题,以资本下乡为背景的村集体利益保护研究还处在探索研究的阶段。工商资本往往带着相当的市场经验、投资资金、营利计划有备而来,商业性的规划设计团队专为资本提供咨询与服务,其理念与行为以最有利于相关企业的利益为优先,用学者周榕的话来说就是充当"资本大军的前哨探马"①。而当前国际政治局势变动,国内经济进入新常态,乡村迎来返乡农民工,需要土地容纳他们。处理好地方政府、工商资本、村集体之间的利益关系,产业发展和社会稳定才能长期可持续。本书对希望以招商引资为手段实现产业"跨越式"发展的乡村建设具有一定警示、借鉴和实践参考价值。

1.4 研究内容

1.4.1 研究内容

本书共有 8 个章节,包含三部分内容。第一部分由第 1~2 章组成,为后续的论述奠定了基础。第二部分是本书的主体部分,由第 3~7 章构成,通过"制度认知、主体把握、机理解析、模式生成、实证研究"五个方面以多元主体利益平衡的乡村营建为主旨内容,形成逐层递推的研究路径。第三部分为第 8 章,对以上研究内容进行归纳与概括,并提出了对于后续研究的展望。

第 1 章为绪论,阐述了研究背景与问题、研究对象与概念界定、研究目的与意义,以及研究框架等研究的基础性内容。

第 2 章在对国内外相关研究进行回顾和总结的基础上阐述了多元主体乡建模式的基本

---

① 周榕. 乡建"三"题[J]. 世界建筑,2015(2):22 - 23.

内涵与理论基础。

第3章解读了集体土地使用权制度在逐步融合的城乡土地市场环境下的演进机制。围绕集体土地使用权流转和土地用途,对新中国成立以来的立法进程、国家与地方政策进行了梳理,理解和认识当前乡村土地利用复杂形态的历史渊源,总结制度对村集体利益的影响特征。

第4章对村集体的主体性进行把握。对村集体、企业、地方政府在追求经济利益方面的特征进行论述,分析工商资本和地方政府对村集体施加的挑战和影响。

第5章以工商资本为视角,从"能力-目标-行动"三个方面解析工商资本主导乡村产业发展与土地利用的过程,把握多元主体利益格局,并概括利益失衡的发生机理。

第6章提出多元主体利益平衡的精准赋能空间营建模式。提出多元主体的利益平衡目标,并从村集体的主体性增强、产业重组与空间重构、资本与村集体空间功能动态调适,以及产业文化特色与景观风貌共塑四个方面提出精准赋能空间的营建策略和实施原则。

第7章以安吉县碧门村为例进行实证研究,运用研究的成果进行理论的支持与方法的指导。

第8章对本研究进行归纳与概括,分析本书的不足,并对后续研究提出了展望。

1.4.2　研究方法

1)文献资料研究法

通过电子资源、图书馆、网络等途径,阅读了大量社会学、公共管理学关于资本下乡的案例研究资料(这些投资开发项目常常独立于乡村整治规划工作进行),为后续分析提供现实依据;也查阅了乡村营建领域以资本下乡为背景的研究文献与实践案例,为研究提供理论基础。

2)多学科交叉研究法

本书广泛借鉴了经济学、公共管理学、法学、社会学等学科的研究理论与成果,最终从规划学和建筑学角度切入,提出乡村营建模式与方法,达到多学科的融贯与综合。

3)实地调研法

在安吉县碧门村的营建过程中,通过实地调研考察,解读乡村的基本情况,包括耕地、林地等农用地资源分布与规模,农宅、厂房的风貌、质量、使用情况。关注资本投资项目进展,结合"三改一拆"整治行动进行走访,重点掌握以村干部为代表的乡村经济能人对产业发展的意见。对调研结果进行归纳,并对多元主体利益困境和产业发展优势劣势进行分析总结。

4)理论结合实践

本书将研究成果运用于乡村营建过程,在实践中检验和发展理论观点,实现理论和实践的良性互动。

1.4.3 技术路线(图1-1)

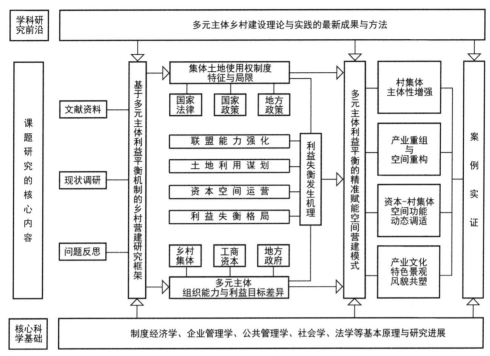

图1-1 技术路线

资料来源:作者自绘

1.4.4 研究创新点

1) 视角创新

在集体土地制度改革以及国家涉农政策的助推下,工商资本作为集资金、技术、组织等优势于一体的主体,成为乡村建设的一个重要新生力量登上历史舞台。乡村土地使用权规模化向资本汇聚,乡村产业空间和利益格局展现出与以往不同的特征。本书以多元主体"利益—平衡"机制为视角,以保护综合效益最优的集体和家庭经营制度为基本利益安全底线,结合发展和延续,结合资源重组和空间重构,以使资本下乡真正成为乡村振兴产兴、民富、村美的适宜性途径。

2) 模式创新

本书针对以往乡村产业和空间的研究成果中对以资本下乡为背景的村民利益保护研究甚少的情况,立足于"大"国家与"小"乡村在土地使用权制度创新供给与需求之间的矛盾,"强"资本与"弱"集体在能力与价值之间的差异,建构了多元主体利益平衡的精准赋能空间营建模式:① 以土地利用政策弹性供给和金融支持输入、建立延续集体价值的农户合作社、发挥能人经纪的战略领导作用、导入社会资本与村民参与制度等强化村集体的主体性;②

采取产业结构调整、空间形态整体优化、串联与共建基础设施、设置柔性界面的策略实现产业重组与空间重构;③ 对不同产业企业适用相应准入标准、动态调整村集体土地利用规划、精准调适企业与村集体空间功能以建立资本与村集体的空间功能动态关联,避免企业发展而村集体停滞,脱节分离;④ 针对生产制造和旅游开发两种资本下乡类型提出产业文化特色与景观风貌的营建原则,体现了中国情境下的乡村营建模式的系统性和针对性。

3) 方法创新

综合运用经济学、公共管理学、法学、社会学的核心概念和理论,对多元主体在乡村营建中的作用以及利益格局的发展进行多学科交叉的研究。研究着眼于乡村空间本体,通过安吉县碧门村营建的案例加以应用和证实,最终实现多元主体"利益—平衡"的规划与建筑学回归。

2　多元主体乡建模式的基本内涵与理论基础

2.1　国外乡村改革与建设启示

2.1.1　乡村土地改革中的利益冲突

1）西欧发达国家

在西欧发达国家的资本主义发展初期,原有封建土地所有制关系不再适应生产力发展的需求,改革势在必行,引发了乡村土地利益冲突。始于 16 世纪英国的"圈地运动"中,佃农的小块土地被一个新兴的约曼农民阶层以经济效率为理由篡夺,前者成为被后者的资本主义农场以较低工资雇佣的劳动穷人[1]。19 世纪德国普鲁士政府颁布《关于放宽土地占有条件限制和自由使用地产以及农村居民人身关系的敕令》(又称"十月敕令")、《关于废除国有土地农民世袭人身隶属关系的法令》等法令,建立容克地主式的资本主义雇佣制大农场,大批农民却因为赎免封建义务破产而沦为领取极低实物报酬的雇佣工人[2]。在法国,英国式农业改革、土地整理和围栏建立却没有那么顺利:1761 年、1764 年和 1766 年国家推出一系列税收优惠法律以促进大中型农场扩展[3],乡村领主们封闭牧场、砍伐森林、开发荒地,改变了其传统上作为村庄社区利益的特质,造成小农场生存艰难,受过更好教育和启蒙思想影响的新一代农民纷纷起来反抗这种"形式上是领主的、内容上是资本主义的演变"[4]。18 世纪英国工业革命开始后,制定土地规划、获得必要许可等方面的利益之争长期存在于乡村地区经营工厂的工业资本家与坚持传统价值体系的地主、约曼农民、家庭工业作坊之间,加上一个日益壮大起来的、因挣扎在贫困线上而仇恨工厂的工人阶层,一度造成乡村社会紧张局势的升级[5]。

当代西欧国家乡村多元主体利益矛盾已经显著减少,但仍存在着两种主要问题:第一,土地用途受到政府的规划管制,有的农地获得开发许可,从而获得暴利,而相邻的农地却受到开发限制,造成了政府与各个私人主体之间的不公平。第二,在公共与基础设施建设过程中,需要征用私人所有的土地,从而造成私人利益因公共利益的实现而受到损失。为了化解

① WALLERSTEIN I. The modern world-system I: Capitalist agriculture and the origins of the European world-economy in the sixteenth century[M]. New York: Academic Press, 1974.
② 张新光. 农业资本主义演进的普鲁士式道路:由改良到革命[J]. 中南大学学报(社会科学版),2009,15(1):27-31.
③ KRIEDTE P. Peasants, landlords, and merchant capitalists: Europe and the world economy, 1500-1800[M]. Cambridge: Cambridge University Press, 1983: 105-107.
④ LADURIE E L. Révoltes et contestations rurales en France de 1675 à 1788[J]. Annales. Histoire, Sciences Sociales, 1974(29): 6-22.
⑤ MANTOUX P. The industrial revolution in the eighteenth century: An outline of the beginnings of the modern factory system in England[M]. London: Routledge, 2006: 391-409.

上述形式土地利益问题,相关国家建立起了包括开发权转移、合理补偿等内容在内的土地管理制度。

2）东南亚发展中国家

第二次世界大战以后,东南亚许多国家先后开始对乡村土地产权进行改革,土地利益格局经历了巨大变化。在菲律宾,近四百年的殖民历史使绝大部分乡村土地集中在大地主手里,形成了种植园经济。多届政府颁布法令改革地主土地所有制,其中比较突出的是 1988年颁布的《综合土地改革法》,由国家收购超出一定规模的地主土地,分配给农民,成为其私人土地。不过,农民并没有得到经济上的支持以很好地利用得到的土地,因此不得不又把土地卖出去。2003 年世界银行在菲律宾进行的市场主导的土地改革试验中,农地市场化流转造成了土地迅速向资本家集中,而且带动土地价格不断上涨,贫富差距更加严重,也影响粮食安全[1]。在柬埔寨,虽然洪森领导的政府于 1999 年颁布《土地所有权法》实行农村土地私有制度,但在交通、电信、电力等经济发展所需的基础设施建设方面高度依赖在乡村兴办农林产品加工、畜牧、纺织、烟草等企业的国际私人投资者和本国企业,土地流转混乱无序,农民的生计受到政商利益之间勾结的威胁[2]。在 1980 年代开始的印度尼西亚经济繁荣时期,地方政府颁布大量的土地开发许可助长了城市边缘地区的农用土地投机,获得土地开发许可的开发商处于土地收购的"垄断"地位,农民只能选择以较低的补偿价格出售土地,从他们的家园搬到其他地方寻找新的生活,利益受到严重损害[3]。

东南亚国家的乡村土地改革实践,不论其出发点为何,最终都走向了相似的结果:首先,土地资源高度集中的状况没有得到彻底扭转,地主的土地只是转移到了国际国内资本手中;其次,弱小农民的土地权利未得到有效保护,其利益受到土地自由买卖的侵害,大量的失地农民与土地所有者之间的利益冲突仍然严重,在有的国家甚至诱发了更为严重的社会矛盾和利益冲突[4]。

2.1.2　多元主体建设乡村的经验

1）英、法:多元市场主体与政府协同

将乡村的优点和价值融入城市规划建设的理论思想,对欧美国家特别是英、法两国二战后的乡村建设和产业发展产生了深远而广泛的社会影响。典型的是 19 世纪末英国著名社会活动家霍华德所提出的田园城市理论,提出要将城市与乡村结合打造现代复合型城市的理论观点,这一理想城市在四周保留永久性的农业地带,城市和乡村优点兼备(图 2-1)。美

①　BORRAS S, CARRANZA D, FRANCO J C. Anti-poverty or Anti-poor? The World Bank's market-led agrarian reform experiment in the Philippines[J]. Third World Quarterly, 2007, 28(8): 1557 - 1576.

②　NGIN C, VERKOREN W. Understanding power in hybrid political orders: Applying stakeholder analysis to land conflicts in Cambodia[J]. Journal of Peacebuilding and Development, 2015, 10(1): 25 - 39.

③　FIRMAN T. Rural to urban land conversion in Indonesia during boom and bust periods[J]. Land Use Policy, 2000, 17(1): 13 - 20.

④　杨磊. 国外土地冲突的比较分析:样态特征与治理启示[J]. 华中农业大学学报(社会科学版),2018(4):156 - 164.

国建筑师赖特则提出了"广亩城市"概念(图 2-2),应用总体分散化的规划原则,建立一种半城半村式社区,采用一英亩一家人的基本用地标准,包含少量建设用地和绝大部分用于农业或保持未开发状态的土地,居民职业是"亦工亦农亦商亦 x"的兼业①。

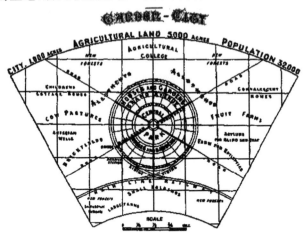

图 2-1　霍华德"田园城市"

资料来源:埃比尼泽·霍华德.明日的田园城市[M].北京:商务印书馆,2000:13.

图 2-2　赖特"广亩城市"

资料来源:拉金,法伊弗.弗兰克·劳埃德·赖特:经典作品集[M].北京:电子工业出版社,2012:145.

---

①　叶齐茂.广亩城市(上)[J].国际城市规划,2016,31(6):39.

从二战结束到 20 世纪 60 年代,英国乡村人口大量迁出,导致了乡村的衰落,而城市持续扩大并变得拥挤。以霍华德的田园城市为代表的观点激发了英国城市居民对田园生活的向往,将乡村地区作为免于城市拥堵与喧扰的庇护所,出现了典型的"逆城市化"现象。城市居民的迁入、融入影响了乡村生活,加速了传统乡村社区的消失。在 1973 年加入了欧洲农业联盟后,英国农业进一步受到冲击。农场主积极寻找各种办法使收入"多样化":在农业方面,表现为非粮食性作物种植率的增加;在非农业方面,农场主越来越依靠手工业,以商品零售和休闲旅游为代表的第二、第三产业获得额外收入。英国政府亦开始转变过去基于生产主义的、严格限制农地开发的策略。1986 年,英国农业法案修编,目的是促进公众对乡村地区的喜爱,保护自然风景,提升游憩舒适性。1988 年,以《耕地和乡村发展法》的立法支持农业多样化,在农业用地上发展其他产业的额外投资受到鼓励。1990 年,与农业旅游业分类发展的相关政策出台。英国乡村规划的内容开始从国家限制非农产业发展转向以乡村社区居民需求为中心,鼓励有限度的土地开发①。此外,旅游行业协会等非政府社会机构为英国乡村旅游做出了积极贡献,农场主可以从英国地区旅游委员会及当地的培训与企业委员会处得到支持和指导②。

法国乡村在二战后同样经历了城市化所带来的乡村人口流失和衰退。20 世纪 90 年代初,乡村空间的优势受到交通物流和信息基础设施建设的进一步激发,法国新一代的中小企业纷纷选择入驻乡村地区,为提升乡村经济地位做出了贡献。从城市迁入乡村的居民给乡村地区带来了新的资源和活力。他们中的很多人选择在奥尔良、黄金海岸和阿尔卑斯山脚等地购买农业用地及地上建筑物,以利用当地优质自然和景观资源发展第二居所、旅游住宿等新功能。

人口流动造成的翻修和更新工程支持了建筑工程类中小企业在乡村地区的兴盛发展,随着人口的增加,生活服务、医疗、教育等需求也同步增长,为乡村地区创造了更多就业机会。法国的乡村政策从 20 世纪 70 年代以前以扶持农业产业和补贴农民生活为主,转变为以各种不同主体为政策目标,推动各种要素向弱势乡村地区流动。法国政府资助年轻一代到乡村发展现代农业生产、进行旅游开发建设,为迁往乡村的手工业等小型企业提供信息服务和财税减免等③。

英、法两国都曾走过一段以保护和发展农业为核心的政府干预时期,虽然包括城市居民、农场主、中小企业在内的市场主体发挥了一定的自我修复和调节作用,但依然未能改变乡村整体性衰落的命运;从乡村产业经济转型出发的乡村建设,需要政府及时根据相关市场主体需求给予多样化的财政及政策帮助。市场和政府,二者缺一不可。

2)日本:政府引导工商资本下乡

日本政府主导低收入地区的乡村建设深受国外、国内整体经济环境波动的影响,相比英、法两国更为曲折一些。

二战结束,国败民穷,在不到三十年的时间里,日本成为世界第二大经济体。然而,经济

---

① 闫琳. 英国乡村发展历程分析及启发[J]. 北京规划建设,2010(1):24 - 29.
② 杨丽君. 英国乡村旅游发展的原因、特征及启示[J]. 世界农业,2014(7):157 - 161.
③ 范冬阳,刘健. 第二次世界大战后法国的乡村复兴与重构[J]. 国际城市规划,2019,34(3):87 - 95.

增长在地理上的分布是不平衡的,大多数增长发生在城市地区及其周边,形成高收入的三大都市经济圈,以及地理上相隔很远的低收入地区,包括北海道、山阴和九州等地。这些地区的产业结构中农业和林业所占的比重要比其他地区都高,因人口减少引发的"过疏化"问题十分严重。

日本中央政府前后共进行了两次新农村建设:1955年首次进行新农村建设,在尊重村民意愿的情况下,对农业提供大量助农投资、贷款和补贴,进行农业生产设施整备;1967年进行第二次新农村建设,又通过增加政府补贴及贷款,加强自然环境保护,推广农机,基本实现了农业现代化①。二战前在中央—都道府县—市町村三级成立的农业合作组织——综合农协在二战后受到政府的支持,成为日本农户唯一能够依赖的组织并持续发展壮大,作为垄断性的经济组织公平、公正地为所有农民提供农产品销售、信贷、保险和生产生活物品供给、生产设施利用等服务,成为农民的代言人,积极保障农民的利益②。

日本过疏化地区通过发行过疏债券募集公共建设资金,投入基础设施建设中——公债费在过疏化地区的政府财政支出中占比达到12.9%,而全国的平均水平是10.6%③。在大量财政资金投入的基础上,日本乡村过疏化地区的产业转型发展体现为自给自足发展模式和外部工商资本导入模式。最具代表性的自给自足发展模式始于1979年的"一村一品"(One Village One Product)运动,发起于大分县,强调不需要国家援助,自力更生,以国内和国际市场为目标生产独特的农产品,并培养具有挑战性和创造性的人才④。但自给自足模式的成功样本数量有限、规模有限,政府因此认为必须依靠外部企业投资以拯救大部分乡村过疏化地区。

1971年《农村地区导入工业的促进法》鼓励城市工业下乡,在乡村创造非农就业机会。然而1973年和1978—1979年的两次石油危机加速了日本的去工业化进程,1987年《广场协议》导致日元兑美元汇率上升,进一步加速了以出口为导向的制造业的衰退。为了扩大内需,应对区域发展不平衡,日本政府于1987年颁布了《综合保养地域整备法》(通称《度假区法》),实施以休闲(和建设)发展为基础的振兴停滞地区的新战略。除了通过日本开发银行提供融资(包括5.3%的特别利率),免除特别土地所有权、官方税和地方税,降低固定资产税,提供补贴和建设必要的道路基础设施外,《度假区法》还放宽了环境法规,如取消了对农用地转为其他用途的诸多限制、废除了20世纪70年代初禁止在森林地区和河流流域进行度假区开发的条例等⑤。《度假区法》激励了开发企业在乡村地区进行大型休闲项目建设,如高尔夫球场、滑雪场和酒店度假综合体⑥。短短4年后经济泡沫破裂,影响了部分开发项

---

①　刘玲. 战后日本乡村规划的制度建设与启示[J]. 建筑与文化,2017(5):210-211.

②　夏元燕. 日本综合农协的发展、蜕变及适用性借鉴[J]. 世界农业,2016(11):40-45.

③　胡霞. 日本边远后进地区开发模式的反省和发展新方向[J]. 经济研究参考,2005(27):41-48.

④　CLAYMONE Y. A study on one village one product project (OVOP) in Japan and Thailand as an alternative of community development in Indonesia: A Perspective on Japan and Thailand[J]. The International Journal of East Asian Studies,2011,16(1):51-60.

⑤　RIMMER P J. Japan's 'resort archipelago': Creating regions of fun, pleasure, relaxation, and recreation[J]. Environment and Planning A: Economy and Space, 1992, 24(11): 1599-1625.

⑥　HENDRY J, RAVERI M. Japan at play: The ludic and the logic of power[M]. New York: Routledge, 2002: 228-243.

目的实施。2004年2月国家变更了基本方针,相关地方政府被要求在进行政策评价的基础上,对度假区基本发展规划进行根本性的修改;在进行了政策评估后,陆续有12个规划区被废止(图2-3)。

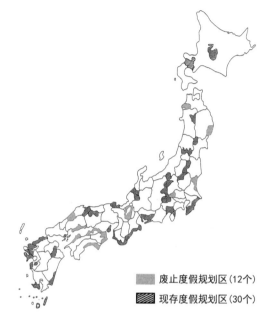

废止度假规划区(12个)

现存度假规划区(30个)

图2-3 日本度假规划区分布

资料来源:https://www.mlit.go.jp/kokudoseisaku/chisei/crd_chisei_tk_000025.html,作者改绘

日本新农村建设、"一村一品"和农民合作组织都给我国以启发,譬如在农民合作组织建设方面,需要加强公共财政支持、引导合作社经营业务的多元化发展、以法律规范合作社运行等。日本乡村建设的教训也很深刻:各级政府改变乡村过疏化现象的意志显得过于强烈,对产业发展的政策和制度供给并没有以市场主体的行为和需求为依据,引来了资本投机行为;国家为了发展乡村度假区而主动放宽环境法规的做法也值得质疑;对乡村产业发展的规划的实现离不开稳定的国家经济环境,否则最容易受伤的还是乡村。

2.2 国内研究进展及述评

2.2.1 整体的乡村产业与空间研究

1)农业与乡村多功能认知

受西方国家经验启发,也受到国家相关产业政策的影响,农业和乡村的多功能价值与潜能得到充分阐述和规划表达。

房艳刚和刘继生①基于多功能乡村理论,从功能角度提出多元发展目标,推演探讨以差异化为特征的乡村发展策略,为大城市近郊农业发展提出建议。郑文俊②从景观的角度重构和深度认知乡村的多元价值和多种功能,基于乡村旅游大开发的目标,为乡村景观开发制定了可辨性、乡村性、参与性等三个重要控制原则。郭焕成和韩非③认为乡村旅游是第一产业和第三产业的创新结合,可以实现城市和乡村资源优势互补、融合发展,应适度开发大城市边缘区景观生态资源。

2)产业与空间转型解析

乡村从农业向工业、旅游业转型带给空间形态以巨大影响,在经济发达和都市化地区这种变化尤为剧烈。

车震宇和保继刚④研究了村落形态在旅游开发前后的差异,分析了影响村落形态变化的因素,包括地方政府政策、景区企业、原住村民在内的8种因素。李晨曦和何深静⑤介绍了香港地区乡村"生产主义"向"后生产主义"的发展转型,在渔业、盐业、种植业等农业生产急速衰落后,旅游业、生态农业、房地产业取而代之,乡村的主要职能由农业生产转变为乡村消费。郭吉⑥基于大城市周边乡村从"农、工、居"一体化空间向休闲旅游消费空间转型,建构了乡村旅游绅士化的空间响应机制。逯百慧等⑦在空间生产理论基础之上,运用资本三级循环理论,以南京市江宁区为例解析苏南大都市近郊乡村地区转型过程,分辨出"乡村工业空间的出现""工业空间脱离乡村,城市型消费空间的出现"和"公共服务空间、服务机构的出现"三阶段的空间特征。

3)空间规划策略与方法

学者们探讨了以空间布局调整实现农业转型和产业融合发展需求的策略与方法。

徐小东等⑧探讨了多元价值理论对乡村产业发展的启示作用,针对以农业为支柱产业的乡村提出规划建设策略与方法。侯静珠⑨基于村庄从单一的农业向农业、工业、商业混合化转型的发展趋势,探讨在新形势之下不同农产品特色村庄的规划方法和设计重点。郭海⑩以原村乡的实例来说明产业结构调整与空间布局思路,即以农业结构调整优化为主线,

① 房艳刚,刘继生. 基于多功能理论的中国乡村发展多元化探讨:超越"现代化"发展范式[J]. 地理学报,2015,70(2):257-270.

② 郑文俊. 旅游视角下乡村景观价值认知与功能重构:基于国内外研究文献的梳理[J]. 地域研究与开发,2013,32(1):102-106.

③ 郭焕成,韩非. 中国乡村旅游发展综述[J]. 地理科学进展,2010,29(12):1597-1605.

④ 车震宇,保继刚. 传统村落旅游开发与形态变化研究[J]. 规划师,2006,22(6):45-60.

⑤ 李晨曦,何深静. 后生产主义视角下的香港乡村复兴研究[J]. 南方建筑,2019(6):28-33.

⑥ 郭吉. 乡村旅游绅士化及其空间响应机制研究[D]. 苏州:苏州科技大学,2017.

⑦ 逯百慧,王红扬,冯建喜. 哈维"资本三级循环"理论视角下的大都市近郊乡村转型:以南京市江宁区为例[J]. 城市发展研究,2015,22(12):43-50.

⑧ 徐小东,刘梓昂,徐宁,等. 多元价值导向下的产业型乡村规划设计策略:以东三棚特色田园乡村为例[J]. 小城镇建设,2019,37(5):40-48.

⑨ 侯静珠. 基于产业升级的村庄规划研究[D]. 苏州:苏州科技学院,2010.

⑩ 郭海. 新农村规划中农村产业结构调整与空间布局初探:以原村乡为例[J]. 中北大学学报(社会科学版),2008,24(5):29-31.

积极发展以观光农业和生态旅游为龙头的第三产业。王振文①从转变产业发展方向、调整总体空间布局、改善局部空间、营造景观环境和整治建筑空间等方面探讨了西南山地环境下的乡村空间、乡村景观、乡村建筑与乡村农业转型发展结合的更新策略。卢子龙②从我国乡村建设与休闲农业发展的双重背景出发,以国外乡村发展休闲农业案例为参考,以湘南地区城郊型乡村为对象,提炼休闲农业驱动的城郊型乡村规划方法。游洁敏③对浙江省"美丽乡村"旅游资源分类评价体系进行深入探讨,从整体规划、景观营造、线路构建、可持续利用等方面建构了乡村旅游开发策略。

4) 基于村民主体的空间营建策略

大量研究以村民为主体提出乡村空间营建策略,也有研究和实践同时考虑了招商引资的土地经营现实路径。

贺勇等④认为乡村是一个生态、生产、生活整体有机的系统,乡村景观是村民主体与乡村性的融合,在村庄总体、中心居住组团和局部景观等不同层面上解析了"产、村、景"一体化乡村的营建策略与方法,令乡村建设符合乡村原真的地方性。郑媛⑤以村民的乡村旅游发展需求为导向,从村域整体、村庄功能、物质要素多个层面系统探讨乡村营建策略,以推动乡村经济发展和社会复苏。王竹等⑥结合乡村自身适应性及规划设计干预的必要性,以村民主体利益为原则,建构"适应性更新"理念,提出针对过程、时节、主体的精准适应性空间营建策略。孟航宇⑦在梳理庭院经济发展脉络的基础上,针对徐州地区提出了类型化的庭院规划设计策略。韩茉⑧阐释了院落空间构成要素及使用行为对乡村旅游业发展的重要影响,从居住结构、产活功能、景观特征等方面形成组团式院落空间整合策略。

方明和董艳芳⑨指出,乡村规划要以区域的视野分析产业转型方向,留足发展空间;在农宅设计中考虑家庭生计对场地和用房的需求,提倡更多的产居功能混合空间;以独立占地、设施完备的产业发展用地,引入外部投资项目和技术人才,推动产业发展。黄玉敏⑩介绍了宅基地"一结合、一分离"的资产性开发实践探索,以宅基地整理所得一部分产业用地对外招商引资,实现乡村产业发展。金林子和朱喜钢⑪总结了乡村地区旅游绅士化的"萌芽-发展-稳定-转变"演化模型,提出地方政府应在乡村规划中满足绅士和富裕群体的旅游服务

① 王振文. 农业转型背景下的近郊型山地乡村空间更新研究[D]. 重庆:重庆大学,2016.
② 卢子龙. 以休闲农业为主导的湘南地区城郊型乡村规划设计研究[D]. 长沙:湖南大学,2014.
③ 游洁敏. "美丽乡村"建设下的浙江省乡村旅游资源开发研究[D]. 杭州:浙江农林大学,2013.
④ 贺勇,孙佩文,柴舟跃. 基于"产、村、景"一体化的乡村规划实践[J]. 城市规划,2012,36(10):58-62,92.
⑤ 郑媛. 旅游导向下的环莫干山乡村人居环境营建策略与实践[D]. 杭州:浙江大学,2016.
⑥ 王竹,徐丹华,钱振澜,等. 乡村产业与空间的适应性营建策略研究:以遂昌县上下坪村为例[J]. 南方建筑,2019(1):100-106.
⑦ 孟航宇. 徐州地区农村庭院发展状况与设计研究[D]. 徐州:中国矿业大学,2014.
⑧ 韩茉. 庭院经济视角下大房子村院落空间整合研究[D]. 沈阳:沈阳建筑大学,2016.
⑨ 方明,董艳芳. 新农村社区规划设计研究[M]. 北京:中国建筑工业出版社,2006:10-22.
⑩ 黄玉敏. 乡村旅游发展中宅基地开发利用研究:基于两个案例村的实证分析[J]. 东南大学学报(哲学社会科学版),2016,18(S2):51-53.
⑪ 金林子,朱喜钢. 旅游绅士化视角下乡村规划策略研究:以福清市东山村为例[J]. 城市建筑,2019,16(2):24-26,34.

专属消费需求,最大限度实现乡村潜在地租收益,并在福建省东山村规划中将个性化民宿和高档化度假酒店开发作为工商资本参与推动乡村旅游开发市场化的重要落脚点。

总体而言,乡村营建研究在产业空间发展规划中具有强烈的路径依赖,即不断延续政府实施财政帮扶、村民为发展与受益主体的二元主体营建模式。一些学者明确表示了排斥资本的立场,也有少数学者以资本专属用地的规划表达了对资本下乡的欢迎。

2.2.2 建筑、规划学的利益协调机制研究

1)城中村改造

城中村是一类特殊的"乡村",随着城市化征用农用地,已经基本丧失了农业功能。开发商主导成为目前最广泛应用的城中村改造模式,因此规划界对多元主体利益的研究大量围绕这一主题展开。这些研究成果对一般意义上的村民、政府、资本土地利益关系协调机制具有启示意义。

村集体既得利益得到了分析和阐述。黎智辉[1]指出违章建筑与出租屋是城中村改造中需要特别注意的利益因素:虽然违章建筑不被现有理论与政策认可,但不予赔偿的政策实施起来十分困难;出租屋是城中村村民重要的生计资源,租金损失是村民抵制改造的重要原因。杨廉等[2]认为城中村是政府留给村民唯一的生计资源,必须充分保障其现有利益。黄皓[3]研究珠三角地区城中村经济后认为,城中村改造的成败取决于村集体资产是否增值和村民出路问题是否能得到解决。

一些研究关注城中村改造背后的利益博弈。张程亮[4]分析大学城城中村改造发现,政府和开发商制定实施的方案被强加给弱势村民,政府让利是博弈的关键点。而徐亦奇[5]则认为,拥有土地的村民对开发商具有博弈优势,后者为加快项目进度而不得不满足村民"不合理"要求。左为等[6]从多元关联主体的利益博弈出发,以经济平衡为核心建立城中村改造决策理论模型。

更多研究从政府治理作用和角色定位角度出发,注重政府的利益协调作用,关注政策、法律和管理的作用。郭臻[7]认为政府应定位好自己的利益协调者的角色,充分发挥政策工具的导向作用,构建村民、村集体和开发商等多元利益主体的沟通渠道。唐甜[8]介绍了广州市政府对产权、规划、地价及补偿等内容因村施策来协调各方利益的经验。陈盈盈[9]提出了

① 黎智辉. 城中村改造实施机制研究[D]. 武汉:华中科技大学,2004.
② 杨廉,袁奇峰,邱加盛,等. 珠江三角洲"城中村"(旧村)改造难易度初探[J]. 现代城市研究,2012,27(11):25 - 31.
③ 黄皓. 对"城中村"改造的再认识[D]. 上海:同济大学,2006.
④ 张程亮. 多元利益平衡下的大学城城中村的更新方向与规划对策研究[D]. 重庆:重庆大学,2011.
⑤ 徐亦奇. 以大冲村为例的深圳城中村改造推进策略研究[D]. 广州:华南理工大学,2012.
⑥ 左为,吴晓,汤林浩. 博弈与方向:面向城中村改造的规划决策刍议:以经济平衡为核心驱动的理论梳理与实践操作[J]. 城市规划,2015,39(8):29 - 38.
⑦ 郭臻. 转型期我国社会多元利益冲突与政府的角色定位:以广州、珠海市城中村改造的实践为例[J]. 学术研究,2008(6):69 - 73.
⑧ 唐甜. 广州市城中村改造的效益分析[D]. 广州:华南理工大学,2011.
⑨ 陈盈盈. 城中村改造中村民利益保障研究[D]. 南昌:江西农业大学,2018.

从法律建设、社会保障到村民提升的系统性利益保障策略。庄志强[①]提出城中村改造的"三个保证"利益原则;建议土地确权并转变为国有用地后,一次性留足建设用地供村民生活居住和经济发展所用,赋予土地开发权,并允许通过引入市场机制促使建设用地经济效益的提升。谭肖红等[②]发现,村民的利益诉求无法经由正式的参与制度安排得到表达,建议构建村民参与城中村改造的本土化平台。

学者们更强调制度安排对利益格局的重要影响(如政府让利、利益保障等),较为顺利的城中村改造项目实施都得益于地方政府的制度创新。当然,村集体整体仍处于相对边缘的地位,地方政府在政策、管理、参与制度设计上的作用和角色尚存在较大的改进余地。

2) 乡村整治建设

学者们对多元主体利益平衡进行了谋划和安排:从主体构成来看,学者们普遍将地方政府、村集体、资本三者作为关键利益主体;对利益关系调整更多的是从程序层面出发,对空间策略的探讨较少。

潜莎娅[③]从村庄整治更新的资金来源角度区分了地方政府主导、村集体主导、开发公司主导三种模式,分别对应于大规模整治、村集体实力强、村庄能力弱的情况,从主体结构、参与模式、权力关系等方面分析三种模式的特征。邓若璇[④]分析了开发商、村民、政府各自的利益诉求,提出形成行为决策主体三角,共同推进乡村旅游建设和发展;提出了阶段性多元行为决策主体参与的规划程序,以生产要素和话语权为依据,安排了各主体参与的决策行为作用的不同阶段。

韩雨薇[⑤]建立了六大参与主体组成的多元参与关系格局,在分析了传统的角色需求后,提出建立基于新的角色需求的"乡村更新共同体",进而在规划决策、规划运营和规划管理三个阶段实现多元主体参与的乡村更新。蓝春[⑥]以"乡村经营"为思路,指出当前新型城镇化路径是由多元利益主体合作利用乡村资源,分析示范园区受政府引领、生产园区受资本驱动、多元化区由村集体主导三种乡村发展模式及规划原则,提出企业应采取具体的行动以降低企业与乡村主体合作的难度。

一些学者对资本下乡的影响进行了批判性反思。在村民组织、土地权益方面的政策性建议,以及对乡村内生力量的呼吁,为本文进一步研究提供了启示。

高慧智等[⑦]在运用空间生产理论分析大都市边缘区的"高淳国际慢城"大山村在消费文化影响下的社会重构与空间变迁时指出,"政府-企业"联盟作为生产者掌控了利益分配,在一定程度上侵害了村集体所有的空间生产权,呼吁寻求内生力量复兴乡村社会、重塑空间的

---

① 庄志强. 广州市城中村改造政策与创新策略研究[D]. 上海:同济大学,2008.

② 谭肖红,袁奇峰,吕斌. 城中村改造村民参与机制分析:以广州市猎德村为例[J]. 热带地理,2012,32(6):618 - 625.

③ 潜莎娅. 基于多元主体参与的美丽乡村更新建设模式研究[D]. 杭州:浙江大学,2015.

④ 邓若璇. 乡村振兴战略下南宁市近郊区旅游型村庄规划设计研究[D]. 南宁:广西大学,2019.

⑤ 韩雨薇. 基于多元主体参与的苏南乡村环境更新规划研究[D]. 苏州:苏州科技大学,2017.

⑥ 蓝春. 利益主体视角下乡村经营模式研究[D]. 南京:南京大学,2015.

⑦ 高慧智,张京祥,罗震东. 复兴还是异化?消费文化驱动下的大都市边缘乡村空间转型:对高淳国际慢城大山村的实证观察[J]. 国际城市规划,2014,29(1):68 - 73.

道路。张京祥和姜克芳[1]批判了资本在乡村的空间生产,通过打造符号化的消费性乡村环境实现快速增值;提出建立农民合作社,明确土地经营权益,盘活乡村农用地、宅基地等资本要素,将自主经营权与决策权赋予村集体,推动"城乡资本"的有机融合,实现中国真正意义上的乡村复兴。

2.2.3　经济、旅游学的产业利益格局研究

1) 经济学:资本经营农业

工商资本具有逐利的动机,现代农业具有利润率高、潜力大的比较优势,具有投资获利的可行性。资本下乡能够改善农村要素短缺、特别是资金短缺问题,能有力推动农业现代化转型。吕军书和张鹏[2]认为,从生产端到消费端的全产业综合效益来看,现代农业相比国民经济其他主要物质部门具有效益的独特比较优势,作为一种战略性选择,工商资本倾向于投资特色、有机、循环等现代农业细分领域。张红宇等[3]以联想控股涉足现代农业投资为例说明,随着消费者对食品安全的重视程度提高以及收入的增长,健康农产品消费市场有巨大的增长潜力,优质农产品存在产品品牌、管理溢价空间可供资本挖掘。

高娟[4]指出,村民自身实力有限,即使有政府资金投入农村基础设施建设和公共服务中,农业规模化和农业产业化的资金缺口依然很大,而资本下乡能将资金引入农村,起到重要的战略促进作用。马九杰[5]认为,工商资本下乡能增加农业与农村发展需要的资金,也带来现代经营理念和管理方法。吕亚荣和王春超[6]指出,工商资本具有农业技术优势和产业链整合能力优势。张京祥等[7]认为,农业自我积累和循环效益十分低下,根本无法帮助大多数乡村实现乡村振兴;资本无罪,需要研究如何规制和引导资本的逐利行为。

资本的消极作用需要重视,土地作为一种稀缺资源对资本有着巨大的吸引力,资本圈占土地、农地非农化等现象令学者们警惕。潘维[8]认为,资本下乡强行推动土地流转、实现土地集中,逼迫一部分农民进城,很可能会使他们未来失去生存的保障。张文广[9]认为,土地的价格易涨难跌,工商资本低价流转农用地后,若有机会转换用途将获得很高的收益。李中[10]指出,部分工商资本到农村变相开发房地产,将观光休闲作为幌子圈地。赵俊臣[11]认为,国家需要规范化

①　张京祥,姜克芳. 解析中国当前乡建热潮背后的资本逻辑[J]. 现代城市研究,2016,31(10):2-8.
②　吕军书,张鹏. 关于工商企业进入农业领域需要探求的几个问题[J]. 农业经济,2014(3):65-67.
③　张红宇,褚燕庆,王斯烈. 如何发挥工商资本引领现代农业的示范作用:关于联想佳沃带动猕猴桃产业化经营的调研与思考[J]. 农业经济问题,2014,35(11):4-9.
④　高娟. 保障农民利益 引领资本下乡[J]. 合作经济与科技,2012(9):34-35.
⑤　马九杰. "资本下乡"需要政策引导与准入监管[J]. 中国党政干部论坛,2013(3):31.
⑥　吕亚荣,王春超. 工商业资本进入农业与农村的土地流转问题研究[J]. 华中师范大学学报(人文社会科学版),2012,51(4):62-68.
⑦　张京祥,申明锐,赵晨. 乡村复兴:生产主义和后生产主义下的中国乡村转型[J]. 国际城市规划,2014,29(5):1-7.
⑧　张程. 潘维:警惕资本下乡夺走农民土地[J]. 新财经,2009(1):60-62.
⑨　张文广. 给"资本下乡"戴上法律笼头[N]. 经济参考报,2014-01-22(6).
⑩　李中. 工商资本进入现代农业应注意的几个问题[J]. 农业展望,2013,9(11):35-37.
⑪　赵俊臣. 土地流转:工商资本下乡需规范[J]. 红旗文稿,2011(4):14-16.

的土地流转政策扶持,应该鼓励和支持不涉及土地流转的资本下乡模式。

2)旅游学:资本运营景区

政府、资本、村集体关系决定了旅游发展的健康可持续,而加强社区参与是许多研究的关注重点。樊贞和廖珍杰[1]以湖南郴州万华岩景区与村集体为对象的研究表明,由于双方就租赁价格与用途等土地利用规则发生纠纷,致使景区旅游产品多样化缺少空间拓展余地,提出从法律合同约束、利益共同体培育、景区-社区协作、提升社区主体地位、提高村民技术素质、打造地方文化等六个方面协调二者关系。于淑艳和刘蕾[2]指出社区参与层次低、景区行为缺少约束、社区利益被企业与政府排挤是影响景区与社区关系的重要方面,提出让社区参与景区管理、建立制约制度、提供绿色就业通道和经济补偿等改进建议。张世兵和龙茂兴[3]认为,尽管学者们提出了社区参与的旅游发展建议,但实施难度很大,分析博弈关系特征后提出调整社区、投资者、政府地位关系和角色定位的理论对策。

行政权力、产权权能等被许多学者认为是真正制约村集体参与和影响村民获得合理收益的关键。翁时秀和彭华[4]研究指出,村集体利益受到村两委与外部力量联合剥夺。李文军和马雪蓉[5]的案例研究发现,由于集体土地所有权存在缺陷,易受到以管理局为代理的行政权力的限制,再加上自然资源未被合理估价,村民从旅游发展中获益的权能被削弱。景秀艳和罗金华[6]提出旅游参与程度与农民幸福指数呈正相关关系,在民主权利、经济、社会文化、环境等 4 个维度中,民主权利对农民从旅游中获取的利益起着至关重要的作用。

以上研究共同指向:资本作为一把双刃剑的事实,集体土地产权、村集体内部组织制度的缺陷对村民集体利益实现的制约作用,以及地方政府的政策制度创新供给在保护村民集体利益中的关键作用。

2.3　多元主体乡建模式的村集体利益保护内涵

从当前政策和实践中的三种乡村经济体概念中,将村集体利益提取分解为经济利益、社会利益、文化与生态利益三大部分。

①　樊贞,廖珍杰. 景区与社区和谐发展之路探析:以湖南郴州万华岩景区为例[J]. 桂林旅游高等专科学校学报,2007(2):215-218.

②　于淑艳,刘蕾. 三亚旅游景区发展的社区参与研究:以槟榔谷黎苗文化旅游区为例[J]. 旅游纵览(下半月),2015(11):128,131.

③　张世兵,龙茂兴. 乡村旅游中社区与旅游投资商合作的博弈分析[J]. 农业经济问题,2009,30(4):49-53.

④　翁时秀,彭华. 权力关系对社区参与旅游发展的影响:以浙江省楠溪江芙蓉村为例[J]. 旅游学刊,2010,25(9):51-57.

⑤　李文军,马雪蓉. 自然保护地旅游经营权转让中社区获益能力的变化[J]. 北京大学学报(哲学社会科学版),2009,46(5):146-154.

⑥　景秀艳,罗金华. 旅游目的地农民幸福指数测量模型构建及应用:泰宁世界遗产地旅游乡村社区的对比分析[J]. 中国农学通报,2013,29(5):215-220.

2.3.1 三种乡村经济体概念

目前在乡村的范围内,至少存在美丽乡村、田园综合体、特色小镇等三种经济体概念(表2-1)。可以说,资本下乡具有广阔的行为空间。

表 2-1 三种乡村经济体概念

类目	美丽乡村	田园综合体	特色小镇
地域范围	行政村和自然村	一到多个行政村	一到多个行政村
产业内容	农业现代化为主,培育特色第三产业	以农业为重点,第一、第二、第三产融合	发展特色产业(信息/金融业等)
空间特征	乡村性空间	乡村性空间	城乡融合空间
建设主体	政府主导的多元主体参与	政府引导,合作社和企业参与	政府引导,企业为主体
发展目标	乡村振兴	乡村振兴	产镇一体的企业集聚发展

资料来源:作者整理

1) 美丽乡村

浙江省安吉县在全国率先倡导建设"美丽乡村"。温铁军认为,美丽乡村建设有意识地将第一产业向第三产业转化,要素化了一些乡村资源,将原本无法定价的青山绿水变成了金山银山,也提升了农村劳动力价值[①]。2013 年中央一号文件做出了关于推进农村生态文明、建设美丽乡村的要求,美丽乡村建设成为新时代背景下的重要实践探索。

2015 年,国家标准《美丽乡村建设指南》(GB/T 32000—2015)发布,将美丽乡村界定为"经济、政治、社会、文化和生态文明相协调,规划科学、生产发展、生活宽裕、乡风文明、村容整洁、管理民主,宜居、宜业的可持续发展乡村"。美丽乡村对经济发展的总体要求是以农业现代化为主,培育特色主导产业,使集体经济有稳定的收入来源。绿色生态是美丽乡村产业发展的主导方向,发展农产品加工业,引导其他工业企业进入工业园区,把文化、餐饮、旅游休闲产业放在美丽乡村服务业发展的首要位置。

2) 田园综合体

2017 年中央一号文件提出,"支持有条件的乡村建设以农民合作社为主要载体、让农民充分参与和受益,集循环农业、创意农业、农事体验于一体的田园综合体,通过农业综合开发、农村综合改革转移支付等渠道开展试点示范"。

田园综合体综合了现代农业、休闲旅游、宜居社区等内容,是一种利用乡村资产实现多元功能发展的空间模式。根据中央一号文件对田园综合体的要求,农民合作社是田园综合体的主要参与主体,引入包括龙头企业在内的多元市场主体,建设和发展以现代农业为主的乡村产业经济,同时充分保障农民利益;从产业发展要求看,农业是田园综合体最主要的产业,

---

① 温铁军. 专家眼中的湖州模式[EB/OL]. (2010-11-24)[2019-09-22]. http://news.cntv.cn/20101124/105903.shtml.

同时设置旅游服务等支撑产业。田园综合体应坚持生态文明建设理念,具备乡村性的景观风貌,通过多元主体参与产业融合发展,成为促进生态效益和经济效益统一的地域经济体。

3) 特色小镇

特色小镇这一概念最早出现在杭州云栖小镇,由浙江省原省长李强提出,是基于浙江块状经济、山水资源、顺应供给侧改革而来的一种创新发展模式。2016 年 10 月和 2017 年 8 月,住房和城乡建设部先后两次发布特色小镇名录,共有 403 个国家级特色小镇上榜。特色小镇的产业发展在于培育特色产业,同时鼓励发展旅游产业,打造"产镇一体"的企业集聚区。绝大部分特色小镇位于城市近郊的乡村地区,同时具有城市和乡村的风貌特征。特色小镇目前探索出了历史经典、特色制造、信息、环保、金融、旅游等多种产业类型。

2.3.2　经济利益

经济利益是村集体利益的重要内容,其中与土地相关的利益更是焦点所在。不论是资本还是村集体,产业建设和发展都必须依托于土地这一生产要素。在资本下乡过程中,农用地和村集体经营性建设用地的流转将使得村集体和村民获得财产性收入。例如成都多利田园综合体项目,村集体资产公司占股 49%,多利(成都)农业发展有限公司(简称"多利公司")占股 51%;村集体以合作社或村民小组为载体,将村民宅基地、承包地确权和量化入股,按比例为村民分配提供收益;多利公司的 51% 股份可以在资本市场上进行灵活变换,不会影响村集体的股权[①]。

就业与创业是村集体的重要经济利益。农业是乡村的基本产业功能,我国人多地少,资本下乡流转土地,使得大量土地汇集到少数人手中,如不保证相关村民在企业就职,就会产生新的"失地农民",影响经济和社会稳定。一种间接地解决相关村民就业问题的方式是帮助他们自主创业,当然创业需要启动资金、创业更有市场风险,因此自主创业是次优的选择,并不适合所有的村民。成都多利农庄田园综合体项目构建了由农业龙头企业和农民合作社、家庭农场等多种主体合作的产销利益共享机制,农业龙头企业的营销优势能够帮助农民合作社和农民获得流通环节的收益。由于村集体资产公司参与到了经营管理活动中,村民受益更有保障。

村集体的其他经济利益还包括金融利益,即获得银行贷款支持,获得产业相关的保险服务。相关机构对乡村的金融支持往往处于不足的状态,限制了乡村合作社发展、村民自主创业,使村集体经济收入与资本之间的收入差距无法弥合。

2.3.3　社会利益

社会利益是指与村民自我发展相关的公共产品与服务的完善。在一些乡村,受制于地方政府财政紧张,乡村基础设施、公共建筑与空间、村民职业就业再培训等公共产品供给并不充分。资本下乡将给当地创造更多的税收,借此契机,地方政府应加大对乡村特别是流转土地的村集体的公共产品与服务供给,创新供给方式。例如适度集中小规模的分散农居点,引入市场主体优化基础设施和服务,满足村民不断增长的公共服务需求。特别是要建设好

---

①　史尧露. 农民权益保护视角下田园综合体建设研究[D]. 苏州:苏州科技大学,2019.

污水处理、垃圾转运相关设施,同时以村集体需求为导向构建特色化和服务型的支撑体系。完善社会保障服务,提升医疗卫生服务标准,以及增加教育、社会保障和救助等,实现村民与城市居民的同等待遇。

2.3.4　文化与生态利益

文化利益主要指以村民需求为导向,举办各类文化与技术活动,提供公共文化服务,与村民共享地区文化,同时保护和发扬乡村本土文化与技术创新成果。在城市化与现代化进程中,乡村文化发展滞后于经济发展,后备人力资本不足,文脉衰退、物质空间同质化等问题愈来愈成为制约乡村产业升级转型的因素。

自党的十八大做出生态文明建设的战略部署以来,更多人关注和重视乡村生态和村民生态利益,进一步丰富了村集体利益的内涵。在资本下乡过程中,要保护脆弱的林地和湿地等,改善乡村的水资源环境,在农业生产中应用绿色种植技术,提高农药、化肥等的无害化程度,发挥农业的生态功能。同时,要确保村民对生态环境的监督权能够切实实现,避免相关部门官员包庇企业破坏环境的行为,支持村集体获得相应的生态补偿,使村民享有宜居、宜业、永续发展所需的乡村生态环境。

2.4　当前乡村空间营建模式

乡村空间营建模式,即具有一般性、重复性的乡村营建行为方式。可以根据资金来源、产业特色等提炼出乡村营建模式的不同分类,如按照建设资金投入主体分为地方政府主导、村民主导、开发公司主导等模式①,依据产业特色分为农业产业化、休闲农业与乡村旅游、乡村城镇化等模式②。

基于资本下乡流转土地的研究背景,本书按照产权特征,提炼出乡村集体空间的上下互动营建模式和"资本空间"的一元主导营建模式,其在产权、建设资金投入主体、营建过程、景观风貌方面的差异性内容见表2-2。营建模式的多方面差异将导致二者难以融合。

表2-2　乡村空间营建模式比较

类目	乡村集体空间的 上下互动营建模式	"资本空间"的 一元主导营建模式
产权	总同共有	独立使用权
建设资金投入主体	公共空间:政府 农户空间:农户、政府	工商资本
营建过程	政府规划+农户自发	专业化委托营建
景观风貌	动态性 负外部性	稳定性 外部性内在化

资料来源:作者整理

---

① 潜莎娅. 基于多元主体参与的美丽乡村更新建设模式研究[D]. 杭州:浙江大学,2015.
② 姚龙. 从化乡村发展类型与模式研究[D]. 广州:华南理工大学,2014.

2.4.1　乡村集体空间的上下互动

从产权特征来看,村集体土地属于总同共有①,可以分为公共空间,即村庄和农田的公共基础设施,以及农户空间,包括每户的农宅以及承包地。乡村集体空间并不是规划或设计的结果,而是地方政府、村集体成员上下互动的营建行为的整体呈现。

1) 公共空间——政府主导营建

各级地方政府"自上而下"为乡村提供公共产品(公共建筑环境与基础设施),是新农村建设以来乡村建设所呈现的主要形式。专业人员受政府委托设计构思公共空间,塑造了乡村公共空间景观的最终形象。使用主体和营建主体的分离,是当前乡村公共空间建设的特征。

由于价值与目标的不同,乡村公共空间营建的侧重点也不尽相同。当地方政府与设计者过于关注物质空间形式与景观风貌,乡村公共空间就容易成为形象工程,比如以城市住区为参照,设置大面积不容易养护的草坪绿化。在空间功能方面,由于资金有限,更偏重经济效益,例如把乡村营建变成以旅游开发为目标、以游客需求为中心的村庄景区建设,景观设计与功能设施建设思路均围绕游客的需求展开,增加服务于游客的空间,而轻视了村庄作为居住社区的本质和村民生活的需求。

在空间布局调整上,由于传统乡村用地粗放,地方政府往往借助公共空间建设的契机对乡村大拆大建。营建过程重速度与绩效,未建立与村民的沟通和协商机制,从地方政府和专家的意志出发制定规划设计方案,空间被快速生产出来,容易与村民实际需求脱离,因而导致相关功能空间无法为村民所享所用。

当然我们必须认识到,总体而言,政府的财政资金对于我国量大面广的乡村地区来说还很不充足,特别是我国地区经济发展水平差距极大,许多中西部地区乡村的基础设施建设还比较落后,亟须提档升级。

2) 农户空间——村民自发营建与政府介入

农居住宅是村民以居住为主要需求、在自己对家园的理解之下而进行的自发营建成果。其"设计"更多地体现为基于实用性的借鉴和学习。随着家庭发展,对内部、外部进行局部调整,始终处于真实生活的逻辑之下。在以往的建造过程中,由于较低的经济与技术水平、劳动力尚未外流,村民之间会在建造过程中帮工、换工,使建造的意义超越了个人家园感,实现了乡村社区归属感。随着建造技术进步,村民改造与控制自然要素以满足生活发展需要的能力越来越突出,建造过程也更多地依靠施工队伍。凭借我国建材工业强大的生产能力,农居以相对低廉的花费完成了从砌体到钢筋混凝土结构的转变,变得更加安全稳固。施工机械得到广泛应用,在山区可以将坡地夷为平地,在平原可以将水网填堵,在快速建造之余也导致环境破坏和景观地域特色的丧失。由于相关法律法规的缺失,村民出于对自身利益的追求,争夺与使用公共空间,如景区周边乡村的村民会通过加建住宅、扩建房屋来增加经营

---

① 韩松. 论总同共有[J]. 甘肃政法学院学报,2000(4):1-9.

空间面积,使得公共利益成为代价。

随着新农村建设的开展,政府在农居建设中的介入越来越多,甚至成为主导,大规模实施标准化与平均化的方案成为政府主导农居建设的一种特征。出于政绩的需要,村民各个时期自发营建形成的村庄风貌被视作缺乏整体性和统一性的"缺陷",比如在以发展旅游为主的乡村,设计者或管理者以传统风格为视觉审美追求,以传统的建筑形式与装饰为样本对当下普遍存在的当代民居风貌进行大规模风貌整治,统一为粉墙黛瓦的建筑风格,并增加披檐、马头墙,使村落景观彻底改变(图2-4)。这种所谓整治更像是一种"化妆运动",以为表现了地域文化特色,实则导致景观异化。在标准、平均、规模经济的专业思维下,设计人员按面积指标设计出标准农居户型方案,统一建造,并未充分耐心了解村民多样化的功能需求。建成后村民如果再进行个性化改建,反而增加了成本。

图2-4 风貌整治"化妆运动"
资料来源:课题组

3) 景观形态特征:动态性,负外部性

乡村是文化景观,在空间中凝聚了时间的流逝,真实而生动地记录了乡村现在和过去的重要片段,并将随着村民的行动持续动态发展。虽然我们看到新农村建设以来,地方政府和知识精英不止步于乡村公共空间的营建,不断把权力和意志深入到农房空间当中,但是:一方面,这种自上而下的行为的实施需要庞大的财政资金作为依托,并不能在所有乡村普遍推行;另一方面,政府的主导力量只能维持在新农村项目建设的短期过程中,而无法决定此后空间的使用和维护。作为一个系统,乡村最恒久的主体始终是村民,村民既是景观形态的使用者,又是其创造者,所以乡村空间景观依然处于演进过程中,与生活发生动态的关联。单纯用"视觉美学"来要求乡村景观,是对乡村特质的最大误解。用孙炜玮的话来说,"良性、健康的乡村景观并不以外在空间与形体审美为代表。那些无视其丰富内涵与多元价值,单纯追求形式与表象的符号做法,使得景观仅仅停留在纯粹的描述层次,而远离了丰富的系统内涵"[①]。

此外,与总同共有的产权制度相关联,乡村景观极易受到农房违章建设、破败、低劣等典型外部性影响。例如,一些传统历史村落在发展旅游业后,以户为单位原址重建或加建改造农宅甚至古民居的行为成为一种普遍做法:为了实现餐饮零售等商业功能,改变了农宅的居住形态特征;为了节省资金,将传统建造工艺下的民居建筑风格破坏,用低劣的现代仿古工艺甚至现代风格替代;等等。农户没有足够的动力对建造行为进行自我约束,使得长期积淀的珍贵的乡村整体环境风貌变得支离破碎。

2.4.2 "资本空间"的一元主导

不同于个人投资者到乡村租用闲置农房,自我经营或雇佣二三当地村民作为员工,资本以公司或集团的组织形式,对一个自然村、行政村甚至多个行政村的土地进行流转,实现了土地的独立使用权,即对土地的享用和经营管理两个权能的合一。"资本空间"是企业一元主导下的空间营建结果,即使利用闲置建筑,也嵌入了与企业相关的经营理念、管理制度、知识积累、生产服务流程等,精细化、系统化程度更高。

1)专业化委托营建

资本带来了城市的专业化委托设计与营建方式,使自身发展需求能够得到最大化的满足。首先,在取得相关土地或房屋使用权的同时,资本与地方政府也基本就土地开发达成了共识。然后,将规划设计工作委托给位于城镇地区的专业公司,通过多次的沟通、交流、汇报,形成从场地规划、建筑设计方案到施工图的各类工程图件。

充足的资金和专业的运营为新型设计理念在乡村地区的运用提供了可能。以浙江德清莫干山裸心谷度假村为例,规划设计之初就以美国绿色建筑协会的 LEED(能源与环境设计先锋)标准去设计项目,其设计师和工程师团队具有可持续发展和绿色建筑技术专业背景,从规划、能效、选材等各方面进行整体设计。30 套树顶别墅采用结构保温板制作,在工厂定制为半成品后,运至现场组装。此类材料通常在国外城市的住宅和商用写字楼中运用,但依靠技术和运营团队的合作,使得裸心谷成为中国首个采用结构保温板的重点建设项目,首家获得 LEED 铂金认证的高级度假村[②]。

2)专用性资产投资的功能分化

不论是单纯投资农业还是集合了农业、工业和服务业的综合开发项目,从单体建筑到建筑群落,资本对专用性资产(建筑和场地)的投资都将带来功能的分区与固化。功能越多样复杂,为了提升效率,功能分区及相应的流线组织就越显得必要。

莫干山的清境原舍民宿一期项目,虽然是个人投资,但委托某专业建筑事务所的整体设计体现了功能分区理念,明显不同于普通农家乐和民宿在每栋建筑中设置客厅、餐厅、厨房、

---

① 孙炜玮. 基于浙江地区的乡村景观营建的整体方法研究[D]. 杭州:浙江大学,2014.
② 叶凯欣,钱菁,赵勇,等. 莫干山裸心谷度假村[J]. 现代装饰,2012(9):54-65.

客房的空间模式。场地内 5 栋建筑有明确的功能分区,入口处的 2 栋建筑具备起居、餐厅、艺术工作室、厨房、设备房等功能,其余 3 栋则只具备客房功能,动与静、公共与私密得到了更好的区分和保障。

裸心谷度假村由 30 套树顶别墅、40 栋夯土小屋、3 个游泳池、3 个餐厅、马术中心、会议中心、SPA 康体中心、有机农场和活动中心构成。除了提供餐饮住宿,还包含骑马、游泳、采摘、垂钓等多种内设活动。30 套树顶别墅是对外出售的,绿色建筑国际认证带给这些别墅极高的价值,双房别墅售价 600 万元左右,三房、四房别墅高达 900 万—1200 万元,30 套全部顺利售出回笼资金。这些别墅功能仅限于居住,使用权长期为私人所有,成为整个度假村中"高高在上"的私人空间。

3)景观形态特征:稳定性,外部性内在化

与村庄集生活、生产多种功能于一体的空间相比,资本空间是单纯的生产性空间。不像村民,集农宅的设计者与使用者于一身,企业的空间规划设计通过专业化委托,依据现代建筑工业的规划、设计、建造流程,由专业设计师将企业的空间需求精确地表达出来,然后由施工方按图施工,资本空间中的劳动者往往因分工而成为一个标准化要素。集土地的享用和经营管理两个权能于一体,空间忠实体现了资本的权力和意志。这样的空间从产生出来开始,就具有较高的稳定性。

由于土地产权的完整和独立,工商企业如果受到与景观风貌相关的收益激励,就会加大对相关方面的资金投入,这在旅游开发类企业中尤其能得到比较明显的体现,本研究将在第 5 章做具体论述。

2.5　理论基础

2.5.1　新制度经济学

制度经济学是以制度为视角研究经济问题的一个经济学分支。舒尔兹将制度定义为"管束和支配人们行为的一系列规则"[①]。制度结构以及制度变迁被制度经济学家视为影响经济效率与经济发展的根本因素。新制度经济学的核心概念和理论包括交易费用概念、产权理论以及制度变迁理论。

1)交易费用

新制度经济学的核心概念是交易费用。1937 年,科斯在他的《企业的性质》一文中提出,交易费用是传统生产成本之外的成本,包括发现交易价格和交易对象的费用,谈判和订立合同的费用,度量、界定和保障产权的费用,督促契约条款严格履行的费用,等等。企业这样一种经济组织形式的存在就是为了节省交易费用,交易费用的大小确定了企业的边界[②]。

①　科斯. 财产权利与制度变迁:产权学派与新制度学派译文集[M]. 上海:上海人民出版社,1994:253-254.
②　COASE R H. The Nature of the Firm[J]. Economica, 1937, 4(16): 386-405.

威廉姆森[①]进一步将交易费用分为事前与事后两大类:事前费用是在起草协议及协议谈判中发生的;事后费用包括管理成本、不适应成本、讨价还价成本和担保成本。

一些地方政府主动降低交易费用以吸引工商企业来当地投资,例如开展美丽乡村、田园综合体规划以便企业获取相关信息,为高投资额项目提供尽可能快的项目申报、建设许可审批流程。企业流转承包地的签约谈判过程往往涉及较高的交易费用,第5章对乡村权威的吸纳、村集体"反租倒包"都可从降低交易费用的角度进行解释。

交易费用理论也解释了企业在运营管理中常常实施纵向一体化的原因。科斯在创设交易费用概念时指出:企业之间制定合约的交易费用的高低决定着纵向一体化是否发生。威廉姆森[②]分析认为,纵向一体化的企业会受到内部官僚主义的不良影响,但当与其他企业制定合约的交易费用过高,或因生产效率、生产流程必须就近安排场地和设施时,采用纵向一体化将更有优势。在乡村旅游业开发中,投资额高、土地流转规模大的企业更倾向于把住宿、餐饮等功能纳入景区经营范围,而不与开办"农家乐"或民宿的村民合作,后文将从交易费用的角度对此进行分析说明。

2)产权理论

产权原本只是法学中的概念。《牛津法律大辞典》将产权定义为占有权、使用权、转让权、用益权等多种与财产有关的权利的集合。阿尔钦[③]认为:"产权体系赋予了特定个体某种控制权,特定个体可从一切不被禁止的使用方式类别中,任意选择一种使用相应物品的方式。对我来说,一种财产权利意味着某种保护,以防止他人违背我的意愿而选择将资源的某一种用途据为己有。"

新制度经济学家将产权制度安排与无处不在的外部性(即个人或企业的活动使其他个人或企业受损或不劳而获)联系在一起,建立了产权理论。德姆塞茨指出:"产权的一个主要功能是引导人们实现将外部性较大地内在化的激励"[④]。根据产权理论,本书提出的"资本空间"与村集体空间属于两种不同的产权界定方式,在违章建设、景观风貌等典型外部性问题上产生了不同的结果。后文解释工商资本不惜重金打造景观风貌,是土地产权的相对完整和独立带来的收益激励了外部性内在化。在村集体空间,农房违章建设以及景观风貌是管控的难题,需要耗费地方政府大量的精力和资金,甚至会引发官民冲突,原因之一是农宅与宅基地的产权设置不足以将相关负外部性内在化。

产权理论对本书的乡村营建模式创新提供了支持和启发。从科斯定理及其推论[⑤]可以得出,为了有效率地解决村集体空间的负外部性问题,政府可以清楚完整地把产权界定给多元主体中的一方。考虑到交易费用普遍存在,将合法农宅连同宅基地的可抵押贷款的产权全部界定给村民主体将带来更多的社会福利:一方面,由于景观风貌协调的村庄内的农宅更具价值,村民会权衡利弊、实施有利于自己同时也能增进公共利益的建设行动;另一方面,第

①　奥利弗·E.威廉姆森.资本主义经济制度:论企业签约与市场签约[M].北京:商务印书馆,2002:538-540.
②　奥利弗·E.威廉姆森.资本主义经济制度:论企业签约与市场签约[M].北京:商务印书馆,2002:127-135.
③　ALCHIAN A A. Some Economics of Property Rights[J]. Ⅱ Politico, 1965, 30(4):816-829.
④　科斯.财产权利与制度变迁:产权学派与新制度学派译文集[M].上海:上海人民出版社,1994:98.
⑤　约瑟夫·费尔德,李政军.科斯定理1-2-3[J].经济社会体制比较,2002(5):72-79.

6章提出此产权制度优化设置将有助于农户在市场竞争中立足。

3）制度变迁理论

诺斯的制度变迁理论以产权、国家、意识形态理论为基础。他在《西方世界的兴起》和《经济史中的结构与变迁》中的观点是,16世纪、17世纪新形成的对土地、劳动力、资本和技术等生产要素的有效界定和保护,以及实施排他性的私有产权,是当时荷兰和英国经济增长的原因,而且正是国家或政府设计、建构和推行了这种更有效的产权制度[①]。诺斯晚年在《制度、制度变迁与经济绩效》中提出了制度变迁中的路径依赖,即后来的制度变迁不断巩固初始制度安排所给出的路线方向,并推演出渐进性制度变迁逻辑[②]。渐进性制度变迁理论对我国集体土地使用权制度改革以及经济增长有着较强的解释力。

林毅夫[③]区分了诱致性和强制性两类制度变迁,前者是"一群个人在对由制度非均衡所导致的获利机会做出反应时所产生的变迁",而后者是由政府授意所引起的变迁。要使诱致性制度变迁得以发生,就必须有由制度非均衡带来的获利机会,即以经济上的成本-收益比较为根本出发点。当政府采取行动引入一种新的制度安排以弥补制度供给的不足时,就产生了强制性制度变迁,前提是这种制度创新所带来的预期边际收益(经济的和非经济的)超出预期边际成本。

由于规划编制过于具体和部门科层化的特点,我国规划无法很好地适应市场不断变化的需求。地方政府为了适应市场需要,更倾向于以行政审批实现规划的局部修改和变更,以减少部门与部门之间的交易成本。周国艳[④]提出地方政府通过制度创新,如简化某些程序,或者立法放宽对特定开发活动的规划控制等方式,使市场发展需求更容易得到快速实现。本研究的乡村营建模式据此提出,在资本下乡背景下,地方政府实施强制性制度变迁,赋予集体经营性建设用地和宅基地以土地利用政策弹性,将有助于工商资本和村集体更充分、灵活地进行乡村产业创新。

2.5.2　企业竞争优势理论

1）企业能力理论[⑤]

为了解释同一产业内的企业间业绩差异,学者们针对企业内部进行了竞争优势研究,形成了关于企业能力的理论论述,分别侧重于战略资源、核心能力、异质知识形成了三种理论观点。

资源基础观认为,企业是集合了生产性资源的管理性组织。占有战略性资源的产权有助于企业获得高绩效和保持竞争优势。战略资源的特点包括异质性、价值性、稀缺性、难以模仿、难以替代、非流动性等。当战略性资源被某企业提前拥有,同一行业内后续资源获得

① 王覃刚. 中国政府主导型制度变迁的逻辑及障碍分析[J]. 山西财经大学学报,2005(3):15-21.
② 诺斯. 制度、制度变迁与经济绩效[M]. 上海:上海三联书店,1994:150-151.
③ 林毅夫. 林毅夫自选集[M]. 太原:山西经济出版社,2010:1-35.
④ 周国艳. 西方新制度经济学理论在城市规划中的运用和启示[J]. 城市规划,2009,33(8):9-17,25.
⑤ 本节主要参考:林萍. 组织动态能力研究[D]. 厦门:厦门大学,2008.

者的成本和收益将受到影响。也就是说,前者创造了经济租金,进而可以从某种程度上控制和垄断市场,凭借相对有利的市场地位进一步获得李嘉图租金。所以企业必须以对手难以获取的战略资源构筑资源壁垒,在行业中保持竞争优势。

有学者认为,企业的核心能力是高绩效的深层原因。核心能力是构成企业竞争能力的多方面技能、互补性资源和运行机制的有机结合,是通过企业内部价值链中各个环节的集体式学习培养出来的。这种企业内部协调和学习的整体模式往往难以被对手复制。企业核心能力能够更好地开发、利用资源,形成有竞争力的核心产品,从而使企业获得有利的市场地位。

持异质知识观点的学者将企业理解为异质知识集合体。面对相似的外部市场环境,各企业知识结构不同、认知能力不一对资源的利用效能存在差异,造成企业间的绩效差异,还影响了企业发现市场机遇、配置资源的方法。企业储备和积累的异质知识难以交易、难以模仿,是企业保持和开发竞争优势的决定因素。

企业能力理论有助于分析下乡的工商资本如何获得竞争优势。此外,合作社作为目前正在乡村崛起的一种组织形式,是产业发展的新主体,企业能力理论让我们认识到帮助它从内部塑造能力的重要性。

2) 价值链理论

价值链这一概念由 1985 年哈佛商学院迈克尔·波特教授在其所著《竞争优势》一书中首次提出,其含义是:从企业创立到投产经营所经历的一系列接连完成的活动是价值不断被创造出来的过程[①]。波特价值链模型中,企业创造价值的活动被分为基本活动和支持性活动两类,前者包括进料后勤服务、生产作业活动、发货后勤服务、市场销售活动、售后服务等,后者则包括采购活动、产品开发活动、人力资源管理和基础设施等。企业的发展不只要增加价值,还要重新创造价值,即要成为价值创造型企业。波特指出企业竞争优势的关键来源之一便是与竞争者价值链之间的差异。

企业的价值活动中,只有某些特定的价值活动才能真正创造价值、形成企业竞争优势,被称为价值链上的战略环节。所在的行业不同,企业以不同形式对战略环节进行控制,既可以是对原材料、人才的特殊保护,也可以通过对销售渠道进行专门管控。材料入库、生产作业等价值链的基本活动在很长时期内被视作企业战略环节;但当供大于求的时代来临,辅助活动的地位越来越突出,企业纷纷通过在辅助活动中的各个环节培育核心能力,赢得持续发展的竞争优势[②]。

随着信息技术日新月异,企业生产经营活动中更多地涉及互联网。杰弗里·F.雷鲍特和约翰·J.斯维奥克拉[③]于 1995 年在《开发虚拟价值链》一文中首次提出虚拟价值链。每个企业都是在可见可触的物质世界和由信息构成的虚拟世界中竞争。由于后者的存在,电子商务这一新的价值创造的场所得以产生。他们指出,收集、组织、挑选、合成和分配信息这

① 方琢. 价值链理论发展及其应用[J]. 价值工程,2001(6):2-3.
② 夏颖. 价值链理论初探[J]. 理论观察,2006(4):136-137.
③ RAYPORT J F, SVIOKLA J J. Exploiting the virtual value chain[J]. Harvard Business Review, 1995, 73(6): 75-85.

5 个步骤构成了虚拟价值链(VVC)的价值创造环节①。

旅游业和休闲农业等领域运用波特价值链理论进行了分析。王璐得出景区类企业的内部价值链体系:基本价值活动其运营层次由五个方面构成,包括景区资源,景区提供满足游客需求的旅游产品的有机组合,为游客提供的旅游交通服务,景区的营销推广工作,提供的服务质量作为售后服务环节;辅助价值活动包括四个方面,即企业战略规划、企业文化等企业基础活动,人力资源管理活动,企业对旅游市场的预测能力、对新型旅游产品的开发能力等技术类活动,企业财务支持与管理活动等。王璐还提出核心业务体验项目升级和优化食宿、购物等基础服务性工作的发展策略②。朱长宁分析休闲农业价值链的基本活动包括休闲农业旅游吸引物以及餐饮、住宿、购物项目等,与之相关的保险、金融、广告、培训为辅助活动③。

价值链理论对本书的支持在于,要在不影响企业核心价值环节的基础上探讨村集体与企业之间的利益联结可能性。

2.5.3　多中心治理理论

多中心认识最早来自经济领域。在英国学者迈克尔·博兰尼《自由的逻辑》一书中,通过比较集中指挥的计划经济和自由竞争的市场经济,认识到利润对人的激励作用,洞察到多中心经济任务,进而演绎出多中心性在政治、社会、文化领域的普遍存在。多中心与现代治理所共享的特征是分权和自治。不过,源自经济领域的多中心的自治凸显为竞争性,而来自公共管理领域的治理的自治表现为合作性。当二者结合,多中心治理成了基于多个中心主体既竞争又合作的新公共管理范式④。

多中心治理是一种综合性强、适用性广的理论,跨学科的理论背景和研究方法为公共管理提供了创新的研究视角,也为提高治理效能提供了更多的可行性。但同时应该明白,多中心治理最初是针对美国公共事务治理而提出的一种理论模式,适用于美国的宪政体制、联邦制国家结构形式。而从我国国情来看,无论是经济市场化、权利民主化、社会自主化,还是权力配置合理化程度,都与多中心治理理论原本的要求存在差异,因此学者们认为在应用多中心理论时必须进行理论的本土化⑤。

现有治理模式下,地方政府掌握了乡村自治权,单中心的威权治理效率低下,影响国家治理进程。多中心治理理论提出的多元主体参治理念,为创新乡村治理提供了思路。多中心治理意味着不再由单一的地方政府来提供公共服务,管理公共事务,而是基于法律的普遍权威,多种独立的组织或者个人通过信息沟通和互相协作,共同决策公共事务⑥。

将多中心治理理论应用于乡村治理是学界的新探索,也是对多中心治理理论的新发展。

①　杨林. 虚拟价值链:价值链研究的新发展[J]. 哈尔滨学院学报(社会科学),2002(11):49-54.
②　王璐. 旅游景区类企业盈利模式研究[D]. 唐山:华北理工大学,2015.
③　朱长宁. 价值链重构、产业链整合与休闲农业发展:基于供给侧改革视角[J]. 经济问题,2016(11):89-93.
④　王志刚. 多中心治理理论的起源、发展与演变[J]. 东南大学学报(哲学社会科学版),2009,11(S2):35-37.
⑤　冯思源. 边缘化村庄"多元共治"构建研究[D]. 武汉:武汉理工大学,2016.
⑥　乔杰,洪亮平. 从"关系"到"社会资本":论我国乡村规划的理论困境与出路[J]. 城市规划刊,2017,(4):81-89.

学者们期望地方政府对乡村社会自上而下的政治管制模式通过多中心治理得到改变,让乡村内部自发性力量解决矛盾、化解冲突,选择公共产品与服务。这样既能提高乡村治理的效率,也可以使乡村社会充满活力。

2.6　小结

首先对国内外相关研究进行回顾和总结,明晰当前研究在制度创新上的基本方向和在空间营建模式上的欠缺。其次概述了三种乡村经济体概念,从中界定了村集体利益保护的经济、社会、文化与生态内涵。然后分别对乡村村集体空间的上下互动和"资本空间"的一元主导两种营建模式,从产权、建设资金投入主体、营建过程、景观风貌四个方面进行解读,分析其特征,认为营建模式的多方面差异将导致二者难以融合。新的营建模式的建立需要对资本空间的形成过程进行还原和解析,涉及制度、组织、治理等多个方面,相关理论也较多。其中,新制度经济学的核心概念和理论内容是乡村营建模式创新的总理论,企业竞争优势理论、多中心治理理论是实现多元主体就乡村产业、功能、景观等协调和整合的理论。

3　集体土地使用权制度变迁认知

　　著名地理学家段义孚说过:土地利用是社会的一面镜子。以村集体为产业发展主体,乡村营建工作对集体土地空间和功能更新的策划与安排,离不开我国集体土地使用权制度变迁这一宏观性、趋势性的影响因素。本章从法律法规、国家政策、地方政策三个层次进行叙述,重点关注两方面内容,一是土地用途,二是土地使用权流转。

3.1　国家法律对集体土地使用权的建构

3.1.1　宪法影响下的集体土地权利

1) 所有权特征:先天权利残缺、实质归国家所有

　　《中华人民共和国宪法》(以下简称《宪法》)第十条规定:"城市的土地属于国家所有。农村和城市郊区的土地,除由法律规定属于国家所有的以外,属于集体所有;宅基地和自留地、自留山,也属于集体所有。"以韩松为代表的一些法学学者相信所有权以处分权能为核心权能,承认集体土地所有权的处分权能受到严格限制,但不认为这是集体土地所有权的根本缺陷,而是"特点"[1]。

　　许多学者对此持反对意见。赵红梅[2]认为,从大陆法所有权"在中国社会经济现实中的真实功能角度考察,农民集体所有权具有先天的权利残缺,它……是政治的产物,国家相对于农民始终保留着类似于日耳曼法上的上级所有权"。刘芙和易玉[3]认为集体土地所有权主体不明确,集体土地最终的处分权属于国家。杨青贵[4]也认为,集体土地所有权仅仅停留在正式法律文本中,与成为现实权利、对主体形成实际价值还有一段距离。

　　以上法律学者的观点中趋于一致的地方,经济学家周其仁先生[5]早已在其《中国农村改革:国家和所有权关系的变化(上):一个经济制度变迁史的回顾》一文中揭示,即国家"事实上早使自己成为所有经济要素(土地、劳力和资本)的第一位决策者、支配者和受益者",集体"至多只是占有着经济资源,并且常常无力抵制国家对这种集体占有权的侵入"。

　　对乡村集体土地所有权实际归属的认知也可以参考农民的回答。法学学者陈小君[6]主

　　① 韩松. 农民集体土地所有权的权能[J]. 法学研究,2014,36(6):63-79.
　　② 赵红梅,黄真. 论物权法与土地法的关系:兼论土地法是否系土地行政管理法? [EB/OL]. (2002-12-24)[2020-02-09]. http://aff.whu.edu.cn/riel/article.asp? id=25336.
　　③ 刘芙,易玉. 农村集体土地所有权制度的法律探讨[J]. 农业经济,1999(8):34-35.
　　④ 杨青贵. 集体土地所有权实现的困境及其出路[J]. 现代法学,2015,37(5):74-84.
　　⑤ 周其仁. 中国农村改革:国家和所有权关系的变化(上):一个经济制度变迁史的回顾[J]. 管理世界,1995(3):178-189.
　　⑥ 陈小君. 农村土地法律制度研究:田野调查解读[M]. 北京:中国政法大学出版社,2004:5.

持的田野调查显示,当被问及"耕种的土地是谁的",选择"国家的"占60%,选择"村集体的""生产队(小组)的""个人的"和"其他人的"分别占27%、7%、5%和0.4%,而且"农民认为土地属国家的占有绝对优势"这一结论较均匀地分布于各调查地点,并非彼此平均而得到。

2) 使用权特征:"权利形成"与"用途限定"合一

杨惠[①]依照马克思、恩格斯对私有财产和私有制内涵的解释,综合了李建良、陈端洪等法学学者的观点,区分了我国不同于土地私有制国家的土地使用权的宪政逻辑。在土地私有制下,土地所有权意味着私人支配劳动的自由,无论这种支配关系是简单(例如土地所有者同时作为生产者,自己支配自己的劳动),抑或复杂(例如土地所有者非生产者对生产者的劳动的支配)。土地私有制国家粮食安全、生态安全等公共目的,是通过限制私人支配劳动的自由来实现的,而在这些限制之外是"法无禁止即自由"。在我国,土地所有权属于国家,本身就是实现国家目的(公共利益)的制度安排。相应地,土地上的劳动受国家以及代表国家的政府支配。受我国宪法保障的具有排他性的土地权利,只能是通过行政许可中的"财产权利转让许可"程序获得的土地使用权,并且同时负载着特定用途属性。由此,我国土地使用权的宪政特征是"权利形成"与"用途限定"合而为一。

作为这一宪政特征的证明,《中华人民共和国城市房地产管理法》第二十六条规定:"以出让方式取得土地使用权进行房地产开发的,必须按照土地使用权出让合同约定的土地用途、动工开发期限开发土地。"《中华人民共和国民法典》(以下简称《民法典》)第三百四十八条亦规定:"通过招标、拍卖、协议等出让方式设立建设用地使用权的,当事人应当采用书面形式订立建设用地使用权出让合同。建设用地使用权出让合同一般包括下列条款:……(四)土地用途、规划条件……。"除了出让,另一种合法的土地使用权取得方式为划拨。划拨从计划经济体制时期就一直存在,属于行政机构单方决定无偿授予特定公共机构土地使用权的过程,只能服务于特定公共利益。

集体土地上的宅基地使用权可被理解为国家"无偿出让"集体土地给村集体成员,只能用于建造自住房;而农用地承包权,同样体现着承包方只能将土地用于农业生产的国家意志[②]。

3.1.2 集体土地使用权相关立法与影响

1) 立法进程:先立土地法,后设立物权

根据赵红梅和黄真[③]对国外法律体系历史演进的回顾,可以得到土地私有制国家一般先有物权法,再有土地法的结论。民法意义上的物权制度产生于生产资料私人占有制出现以后。其中最具代表性的罗马法将物法设立为私法的主体,又细分为物权法、继承法和债权法三类,并赋予所有权以极高的法律地位和绝对的处分力,即使公法也只能从外部限制所有

---

① 杨惠. 土地用途管制法律制度研究[D]. 重庆:西南政法大学,2010.

② 王沁、李凤章. 论土地使用权"出让"的性质[J]. 现代经济探讨,2016(6):84 - 88.

③ 赵红梅,黄真. 论物权法与土地法的关系:兼论土地法是否系土地行政管理法?[EB/OL]. (2002 - 12 - 24)[2020 - 2 - 9]. http://aff. whu. edu. cn/riel/article. asp? id=25336.

权的行使。大陆法系各国承袭了这种所有权至上的罗马法精神,一般在民法典中设置物权编或制定独立的物权法。但进入 20 世纪后,随着环境污染、贫富差距等社会问题日益突出,且由于土地在私人财产中的地位有所下降,很多国家开始专门为土地立法,例如美国的土地法体系包括了《土地保护法》《土地分类法》《联邦土地政策和管理法》等联邦立法,以及各州的土地法;日本制定了《国土利用计划法》《国土调查法》《土地区划整理法》《农用地改良法》《地力增进法》等。

实行土地公有制的我国先进行土地立法:1982 年 2 月 13 日,国务院发布《村镇建房用地管理条例》;1986 年 6 月 25 日第六届全国人大常委会第十六次会议通过《中华人民共和国土地管理法》;1989 年 12 月 26 日第七届全国人大常委会第十一次会议通过《中华人民共和国城市规划法》;1994 年 7 月 5 日第八届全国人大常委会第八次会议通过《中华人民共和国城市房地产管理法》;1998 年 12 月 24 日国务院第十二次常务会议通过《中华人民共和国土地管理法实施条例》。1986 年 4 月 12 日由第六届全国人民代表大会第四次会议修订通过《中华人民共和国民法通则》(以下简称《民法通则》)。规划学者赵民和吴志城[1]指出:"由于认识上的禁区与误区,物权这一法律术语是我国法学界长期所忌讳并予回避的,甚至直到制定《民法通则》时立法者仍然拒绝物权概念及其体系。"在经过长达 13 年的反复讨论和全国人大常委会 7 次审议后,《中华人民共和国物权法》(以下简称《物权法》)于 2007 年 10 月 1 日起施行。2020 年 5 月 28 日第十三届全国人民代表大会第三次会议通过的《民法典》中设立了物权编,在原《物权法》的基础上进一步完善了我国物权法律制度。

2) 农用地承包经营权:基于粮食安全的用益物权

农用地,根据土地管理法为"直接用于农业生产的土地,包括耕地、林地、草地、农田水利用地、养殖水面等"。对主权国家而言,一定数量的耕地是有效保障粮食安全的物质条件,党和国家领导人多次强调粮食自给的重要性。农用地是社会安全的稳定器和蓄水池。承包农用地对农户具有保障功能,但属于农户(集体)自我保障,特别是在不发达的省份和地区,农户以货币抵御风险的能力比较弱,农村中存在大量的灵活就业人员,农用地吸纳了这部分人口,以避免造成社会动荡。

众多学者指出,法律长期以来对地方政府征收农用地的行为缺乏约束,对失地农户的补偿标准长期不变、明显偏低、影响生活水平等。根据《民法典》,农户的土地承包经营权被界定为用益物权,有权在耕地上从事种植业、在林地上从事林业、在草地上从事畜牧业,并享有收益的权利。2019 年修正的《中华人民共和国土地管理法》(以下简称《土地管理法》)的一个重要进步在于用第四十五条明确了为公共利益需要而征收集体土地的具体情形。第四十六条将征收永久基本农田,超过三十五公顷永久基本农田以外的耕地,超过七十公顷其他土地等的审批权上收国务院;第四十七、四十八条规定了征地的程序、改进了补偿标准。

3) 宅基地使用权:基于居住保障的用益物权

宅基地,从土地利用分类来理解,即用于集体组织成员建造房屋满足居住需求的集体建

---

① 赵民,吴志城. 关于物权法与土地制度及城市规划的若干讨论[J]. 城市规划学刊,2005(3):52-58.

设用地。宅基地具有"集体所有、农民使用、一宅两制、一户一宅、福利分配、免费使用、无偿回收、限制流转、不得抵押、严禁开发"①等特征,保障了每个集体成员都能在乡村"居者有其屋"。合法的农宅作为私有财产,受法律保护。《民法典》确认宅基地使用权属于用益物权性质,又区别于建设用地使用权而独成一章,规定其权利内容为"建造住宅及其附属设施",且其"取得、行使和转让,适用土地管理的法律和国家有关规定"。

法律有条件地支持以宅基地和农民房屋为生产资料,促进非农业生产。1991年《中华人民共和国土地管理法实施条例》第二十九条规定,"农村承包经营户、个体工商户从事非农业生产经营活动,应当利用原有宅基地",但1998年《中华人民共和国土地管理法实施条例》删去了这一内容。其后,国家一般以政策文件的形式允许将宅基地用于指定用途,较近的一次是《中共中央国务院关于实施乡村振兴战略的意见》,指出要"挖掘乡村多种功能和价值""完善农民闲置宅基地和闲置农房政策""适度放活宅基地和农民房屋使用权",提出"培育一批家庭工场、手工作坊""对利用闲置农房发展民宿、养老等项目,研究出台消防、特种行业经营等领域便利市场准入、加强事中事后监管的管理办法"。《物权法》第一百八十四条规定,"耕地、宅基地、自留地、自留山等集体所有的土地使用权"禁止抵押,也就基本阻断了农户利用宅基地使用权融资的可能性。

4)集体经营性建设用地入市的合法化

集体经营性建设用地是指以营利为目的进行非农业生产经营活动所使用的乡村建设用地,其存在源于20世纪八九十年代乡镇企业发展的那段特殊历史。全国约4200万亩的存量,整体分布呈现东部多西部少、近郊多远郊少的特征②。2019年修正的《土地管理法》首先删除了2004年修正的《土地管理法》第四十三条中"任何单位和个人进行建设,需要使用土地的,必须依法申请使用国有土地"的规定,并在第六十三条规定"土地利用总体规划、城乡规划确定为工业、商业等经营性用途,并经依法登记的集体经营性建设用地,土地所有权人可以通过出让、出租等方式交由单位或者个人使用"。

修法对村集体和土地市场可能产生的积极影响包括:减少了政府征地环节,打破了政府对土地供给的垄断地位,释放集体经营性建设用地的市场价值,提高集体建设用地的使用效率,增加集体土地所有权人的收益;有效扩大建设用地市场供给,抑制房价和租金过快上涨③。同时一些研究者对相关法律条款存在理论质疑和现实顾虑。有学者根据《宪法》第十条"城市的土地属于国家所有",认为按照目前的立法语言推行集体经营性建设用地入市改革之后,集体土地就会出现在城市范围内,从而与宪法相违背,提出立法者应进一步明确允许入市的集体经营性建设用地与规划确定的城镇建设范围之间的关系④。有学者指出,地方政府的土地财政将受到集体经营性建设用地入市的负影响⑤,为继续垄断土地交易市场,

———————————

①　桂华,贺雪峰. 宅基地管理与物权法的适用限度[J]. 法学研究,2014,36(4):26-46.
②　曲承乐,任大鹏. 论集体经营性建设用地入市对农村发展的影响[J]. 中国土地科学,2018,32(7):36-41.
③　孙立峰. 新《土地管理法》的重要变化和几点思考[J]. 当代农村财经,2020(1):28-29,31.
④　方涧. 修法背景下集体经营性建设用地入市改革的困境与出路[J]. 河北法学,2020,38(3):149-163.
⑤　何丹,吴九兴. 农村集体建设用地入市改革及其影响研究[J]. 湖北经济学院学报(人文社会科学版),2020,17(1):27-30.

可能阻碍集体经营性建设用地入市[①]。而地方政府一旦放开入市限制,村集体占用耕地、抗拒合法征收等情形可能会更频繁地发生,对其治理能力构成重大挑战。

3.2 国家政策对集体土地使用权的管理

3.2.1 对集体土地用途的管理历程

1) 新中国成立至 1979 年:以农业生产控制集体土地利用

人民公社时期,基层生产单位对于种植作物种类缺乏自主权。生产计划由国家以指令形式逐级下达,主要产品由国家统购派购,分配按统一规定实施,生产队内部按上级指令普遍实行统一计划、统一调度、统一核算。由于主要农产品实行统购派购和统销制度,限制非农业生产,禁止农民涉足商业,强制压缩农村集市,商品供应紧张,商业服务网点减少,给生活带来很多不便[②]。

新中国成立初期,以个人为单位无偿分配给农民宅基地,宅基地所有权与房屋所有权两权主体合一[③]。1962 年《农村人民公社工作条例修正草案》发布以后,农村宅基地所有权与使用权相分离,前者归于生产队,后者归于社员。在此时期,宅基地问题并不突出,主要源于农户收入低,缺少资金支持建新房,翻建老屋成为主流;对农业的依赖也使乡村产生内部约束,限制了随意占用耕地建房的行为。

2) 1979—1994 年:控制乡镇企业、农房占用耕地

1984 年,中共中央、国务院转发农牧渔业部《关于开创社队企业新局面的报告》,并采纳了将社队企业改名为乡镇企业的建议。乡镇企业包括乡办、村办、合作、个体等,其中的个体工商业者是一种传统的经济形态,但在意识形态层面获得社会主义制度认可经历了一个漫长的过程。据统计,新中国成立初期全国总共有接近 3000 万城乡个体工商业者(其中乡村占 3/4),随着社会主义改造的推进,1978 年底全国城乡个体工商业者仅剩 14 万[④]。在城市劳动力就业的压力下,1980 年中央开始允许城镇个体经济发展。1982 年十二大的政治报告对个体经济做了正面的定性,并将其地域范围扩大到城乡:"在农村和城市,都要鼓励劳动者个体经济在国家规定的范围内和工商行政管理下适当发展,作为公有制经济的必要的、有益的补充。"1984 年国务院发布了《关于农村个体工商业的若干规定》,肯定了农村个体工商业的多种积极作用。1986 年《民法通则》第一次明确了个体工商户的基本概念,即"公民在法律允许的范围内,依法经核准登记,从事工商业经营的,为个体工商户",确立了个体工商户的民事主体地位。

① 王兴煜,郑斌. 浅析集体经营性建设用地入市:以地方政府的土地财政为视角[J]. 山西财政税务专科学校学报, 2019,21(6):3-6.

② 刘洪英. 人民公社的兴亡和历史的反思[J]. 徐州师范学院学报,1995(1):41-45.

③ 丁关良. 1949 年以来中国农村宅基地制度的演变[J]. 湖南农业大学学报(社会科学版),2008(4):9-21.

④ 黄波,魏伟. 个体工商户制度的存与废:国际经验启示与政策选择[J]. 改革,2014(4):100-111.

这一时期,国家将乡镇工业用地的审批权下放到地方,而且与宅基地一样,乡镇工业用地是无偿、无期限的。由于乡镇企业为地方政府创造了财政收入,导致后者对用地审批管理流于形式,建设用地快速增长。目前全国约 4200 万亩的存量,整体分布呈现东部多西部少、近郊多远郊少的特征[1]。

1979 年 12 月,国家五部委在《全国农村房屋建设工作会议的报告》中鼓励农民自己建房,强调了"农村建房中的政策问题,最核心的是房屋的产权问题。社员的住房,属于生活资料,产权应归社员所有"。1985 年出台的《村镇建设管理暂行规定》规范村镇居民利用宅基地行为。1986 年,中共中央、国务院在《关于加强土地管理、制止乱占耕地的通知》中规定:"凡非农业建设用地,必须按规定办理审批手续,不准化整为零,弄虚作假,不准越权审批。凡国家建设用地,乡镇企业建设用地,农民盖房占用耕地、园地,必须按规定报县审批,坚决纠正乡镇建设中自批自用,随意扩大宅基地以及买卖、租赁土地乱批乱用行为。"但在执行层面,县、乡政府尤其是县一级政府往往对建设占用土地甚至耕地管理不严。

联产承包责任制的推行使农户在农用地上的利益相对独立,获得更大自主权,种粮不来钱,便挖鱼塘、栽果树。不过,这并不意味着农用地用途不受国家限制了。农村集体土地使用权实际上依然不完整,各种形式的统购统销制度仍然留存[2]。

3) 1994 年至今:守住"18 亿亩"耕地红线

1997 年 5 月 18 日,中共中央、国务院在《关于进一步加强土地管理切实保护耕地的通知》(以下简称《通知》)中指出,"农村居民的住宅建设要符合村镇建设规划。有条件的地方,提倡相对集中建设公寓式楼房。农村居民建住宅要严格按照所在的省、自治区、直辖市规定的标准,依法取得宅基地。农村居民每户只能有一处不超过标准的宅基地,多出的宅基地,要依法收归集体所有"。

《通知》将占用耕地与开发复垦挂钩,提出以"耕地总量动态平衡"指导土地利用总体规划的编制、修订和实施工作。2006 年《国民经济和社会发展第十一个五年规划纲要》提出,"18 亿亩耕地是未来五年一个具有法律效力的约束性指标,是不可逾越的一道红线"。2008 年国务院《全国土地利用总体规划纲要》进一步明确:"全国耕地保有量到 2010 年和 2020 年分别保持在 18.18 亿亩和 18.05 亿亩。围绕守住 18 亿亩耕地红线,严格控制耕地流失,加大补充耕地力度,加强基本农田建设和保护,强化耕地质量建设,统筹安排其他农用地,努力提高农用地综合生产能力和利用效益。"18 亿亩成为保障我国粮食安全的警戒线,也成为各类国家政策的制定依据。

国家用"基本农田保护率""耕地保有量、基本农田保护面积指标"对各省、市实施差异化约束。《土地管理法》第三十三条规定:"各省、自治区、直辖市划定的永久基本农田一般应当占本行政区域内耕地的百分之八十以上,具体比例由国务院根据各省、自治区、直辖市耕地实际情况规定。"2008 年国务院发布《全国土地利用总体规划纲要(2006—2020 年)》,规划下

---

① 曲承乐,任大鹏. 论集体经营性建设用地入市对农村发展的影响[J]. 中国土地科学,2018,32(7):36-41.
② 颜运秋,王泽辉. 国有化:中国农村集体土地所有权制度变革之路[J]. 湘潭大学学报(哲学社会科学版),2005, 29(2):102-107.

达各省份的耕地保有量、基本农田保护面积指标,比如浙江省 2010 年和 2020 年的耕地保有量分别为 2874 万亩和 2836 万亩,基本农田保护面积 2500 万亩。

"18 亿亩"耕地红线既有一定的合理性,也存在逻辑上的漏洞。合理之处在于,一定数量和质量的耕地能保障国家粮食安全。国家粮食安全作为一种公共产品,显然各省、市、县都想占其保障而不付出代价,只能由国家采取一定的强制手段。然而就像许多经济学者所指出的,随着农业现代化发展,粮食亩产不断提高,粮食安全和耕地面积的相关关系也随之变化,加之我国耕地抛荒数量难以准确计量,"18 亿亩"这个数字的得出缺乏科学合理的测算①。对"18 亿亩"耕地红线的固守加剧了建设用地资源的稀缺性,在很大程度上推动了城市地价和房价上涨。

3.2.2 集体土地使用权流转的政策趋势

1)土地流转有限度放开

土地流转首次出现在国家政策话语中,为 2001 年中共中央《关于做好农户承包地使用权流转工作的通知》对土地承包经营权变动的叙述:"在承包期内,农户对承包的土地有自主的使用权、收益权和流转权,有权依法自主决定承包地是否流转和流转的形式。"2002 年《农村土地承包法》的立法文本中采用了这一概念,并进一步明确了农用地承包经营权流转的具体形式为"转让、出租、入股、抵押"。

2003 年中共中央、国务院《关于做好农业和农村工作的意见》将土地流转概念从农用地拓展到了集体建设用地,提出:"各地要制定鼓励乡镇企业向小城镇集中的政策,通过集体建设用地流转、土地置换、分期缴纳出让金等形式,合理解决企业进镇的用地问题。"2004 年国务院下发的《国务院关于深化改革严格土地管理的决定》提出"在符合规划的前提下,村庄、集镇、建制镇中的农民集体所有建设用地的使用权可以依法流转"。

2008 年中共中央《关于推进农村改革发展若干重大问题的决定》要求:"逐步建立城乡统一的建设用地市场,对依法取得的农村集体经营性建设用地,必须通过统一有形的土地市场、以公开规范的方式转让土地使用权,在符合规划的前提下与国有土地享有平等权益。"2014 年《中共中央关于全面深化改革若干重大问题的决定》提出"建立城乡统一的建设用地市场,实行与国有土地同等入市、同权同价"。2019 年修正的《土地管理法》使集体经营性建设用地入市合法化,不过,具体实施尚需从中央到地方政府纵深推动。

2)严禁买卖宅基地和小产权房

小产权房是建设在集体土地上的"商品住宅"(图 3-1)。此类住宅有的是由乡镇政府颁发产权证,又被称为乡产权房。由于未通过正规土地开发程序,缺少"三证一书",所谓小产权房产权证并不被国家认可。

---

① 姜宏. 耕地红线的合理性探讨[J]. 经济研究导刊,2013(25):36-37.

图 3-1　小产权房

资料来源:作者自摄

国家对买卖宅基地和小产权房的行为自始至终持明确反对态度。1999 年国务院办公厅在《关于加强土地转让管理严禁炒卖土地的通知》中指出:"农民的住宅不得向城市居民出售,也不得批准城市居民占用农民集体土地建住宅,有关部门不得为违法建造和购买的住宅发放土地使用证和房产证。"2004 年国务院在《关于深化改革严格土地管理的决定》中提出:"改革和完善宅基地审批制度,加强农村宅基地管理,禁止城镇居民在农村购置宅基地。"2008 年国务院在《关于切实加强农业基础建设进一步促进农业发展农民增收的若干意见》中指出:"城镇居民不得到农村购买宅基地、农民住宅或'小产权房'。开展城镇建设用地增加与农村建设用地减少挂钩的试点,必须严格控制在国家批准的范围之内,依法规范农民宅基地整理工作。"

3.3　地方政策对集体土地使用权的塑造

3.3.1　对集体土地用途的阶段性治理特征

1)城市化以前:配合乡镇企业发展,建设用地增长

乡镇企业前身为社队企业。1978 年家庭联产承包责任制的全面推行激励了农业生产迅速增长,一方面为乡村非农产业的发展提供了物质基础,另一方面农业劳动生产率的迅速

提高又使大量乡村劳动力富余,各地兴起了创办社队企业的高潮[1]。

这一时期,企业建设用地布局分散无序、用地粗放、规模增长。由于财政包干制度运行,各级政府按照企业隶属关系组织税收,地方政府有很大的积极性发展乡镇企业,企业创办所需的土地等要素都相对比较易于获得。而且由于"土地的市场价格无法货币化,使这种稀缺资源的地租转化为企业利润而成为企业收益的一部分。企业多占用土地可以多享受不付成本的地租收益"[2]。例如,1987年江苏常熟乡村企业用地的相当一部分是空闲的,占地5亩以上的企业建筑密度只有19.6%[3]。

农民在收入增加、生活水平提高之后,出现了兴建住房热,宅基地得到了较快增长。根据1990年《国务院批转国家土地管理局关于加强农村宅基地管理工作请示的通知》,这是普遍现象,"宅基用地不断扩大,使大量的耕地被占。部分地区,农民更新住房的年限越来越短,面积越来越大,标准越来越高"。

2) 城市化时期:保障城市建设用地增长,减少集体建设用地

我国的快速城市化是通过地方政府大规模征用乡村土地达成的。"十五"计划强调"不失时机地实施城镇化战略",大幅度提高城市化率成为部分省、自治区、直辖市的发展策略。据统计[4],1980—1995年间,我国城镇化率每年提高约0.5个百分点,1996—2001年间,这一速率提高1.43个百分点;而欧美主要资本主义国家发展历程显示,城市化起步阶段平均每年只增加0.16~0.24个百分点,城市化加速阶段每年也仅增加0.30~0.52个百分点。

将农用地非农化已经成为很长一段时期地方政府收入的来源,根据一些研究,大部分土地违法的主体是地方政府。为了减少城市化成本,地方政府一般采用"只管地、不管人"的策略,优先征用耕地、园地等农用地等,随着城市空间的渗透,原来未被征用的乡村居民点逐渐被完全包入城市建成区,成为城中村的特殊景观(图3-2)。城中村在珠三角、长三角、北京等地区分布最为密集。城中村住房建设标准与建设模式距离现代化城市要求甚远,住房质量普遍不高。景观和居住环境差,公共设施配套相对落后。有的村线网是明线,混杂无序;有的村明沟排水,卫生条件恶劣。城中村建筑密度和容积率居高不下。在深圳,城中村容积率基本在3以上[5],公共绿地、道路受到极大约束,"握手楼"和"贴脸楼"十分普遍。有学者用"脏、乱、密、暗"[6]来总结城中村的空间环境。在国家不断加强对农用地的保护,对建设用地指标进行分配管理的情况下,不少经济发达地区地方政府还采取各种变通手段获得建设用地,比如在浙江大规模推行后被国家叫停的"基本农田异地代保"[7]制度。

① 国家统计局. 新中国50年系列分析报告之六:乡镇企业异军突起[EB/OL]. (1999-09-18)[2019-12-20]. http://www.stats.gov.cn/ztjc/ztfx/xzg50nxlfxbg/200206/t20020605_35964.html.

② 陈剑波. 波动与增长:1984—1988年乡镇企业发展分析[J]. 农业经济问题,1989,10(10):32-35.

③ 单英华. 经济发达地区村办企业用地急待改革[J]. 农业区划,1991(3):33-35.

④ 陆大道. 我国的城镇化进程与空间扩张[J]. 城市规划学刊,2007(4):47-52.

⑤ 郑文升,金玉霞,王晓芳 等. 城市低收入住区治理与克服城市贫困——基于对深圳"城中村"和老工业基地城市"棚户区"的分析[J]. 城市规划,2007,31(5):52-56,61.

⑥ 刘吉,张沛. "城中村"问题分析与对策研究[J]. 西安建筑科技大学学报(自然科学版),2003(3):243-247.

⑦ 童菊儿,严斌,汪晖. 异地有偿补充耕地:土地发展权交易的浙江模式及政策启示[J]. 国际经济评论,2012(2):140-152.

图3-2　城中村

资料来源:作者自摄

在"18亿亩"耕地红线影响下,地方政府严格控制乡村建设用地,特别是宅基地增长。加强了宅基地审批管理,采取了迁村并点、农民上楼等宅基地整理方式缩减宅基地总量。始于20世纪90年代上海的政府主导的"迁村并点",目标是使自然村向中心村集中居住点集中,改变了传承千年的分散式聚落居住空间(图3-3)。在苏州,政府下达每年5万农户集中居住的指标,独门独院的农民住进了公寓式住宅小区①。但是据一项长三角地区的调查②,乡村居民对地方政府的迁村并点政策认同度很低:一方面,公寓式住宅无法满足部分农民储存农具粮食、饲养禽畜等功能需求;另一方面,农民丧失了对院落和宅基地的独立支配权,乡村居民对居住地的偏好依次为本村—城镇—乡村集中居住点,最终却不得不放弃农业生产和乡村生活方式。

近年来,地方政府在宅基地整理方面越来越受到乡村制约。首先是对于宅基地利用本身比较集约的地区而言,宅基地整理空间越来越小;其次是对于城市化水平较高的地区而言,宅基地整理成本越来越高,乡村对宅基地整理结余的建设用地有自己的计划和想法。

地方政府对乡村企业用地的政策也发生了转变。1994年"分税制"改革后,中央和地方政府共享企业增值税,于是那些利润微薄、经营成本高的乡镇企业成了地方政府的负担。地方政策不断地对它们施加压力,强调乡村工业企业向城镇工业区"集中"的态势逐渐明显③。2000年开始,苏州采用工业用地"异地置换"④模式,各行政村换得产业集聚区或规划的工业

①　范凌云. 社会空间视角下苏南乡村城镇化历程与特征分析:以苏州市为例[J]. 城市规划学刊,2015(4):27-35.

②　陆希刚. 从农村居民意愿看"迁村并点"中的利益博弈[J]. 城市规划学刊,2008(2):45-48.

③　林永新. 乡村治理视角下半城镇化地区的农村工业化:基于珠三角、苏南、温州的比较研究[J]. 城市规划学刊,2015(3):101-110.

④　夏健,王勇. 农村土地制度创新对农村聚落形态演化的影响分析:以江苏省苏州市为例[J]. 安徽农业科学,2008,36(5):2116-2118.

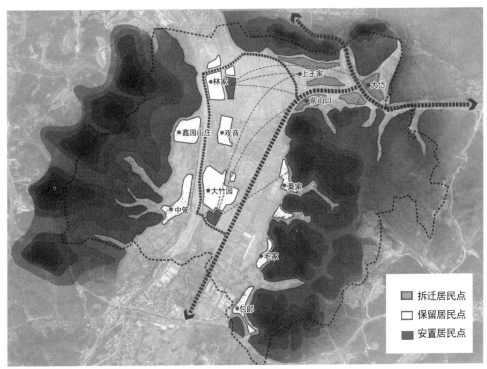

图 3-3 迁村并点

资料来源：课题组

小区中部分建设用地从而推动新建、扩建、改建企业集中化，如吴中区东山镇各村的工业用地统一纳入镇内规划的开发区。

对存量集体经营性建设用地亦采取限制措施[①]：一是用途限制，不得变更为商品住宅，以避免冲击现有商品房市场；二是入市限制，减少对经营性土地市场的冲击。有学者指出，集体经营性建设用地受过度管控是形成乡村经济发展瓶颈的重要原因，表现在：不能进行二次抵押导致开发成本高；只允许建设临时建筑导致开发利益不可持续；容积率限制导致投资回报低[②]。虽然新《土地管理法》允许集体经营性建设用地入市，但在地方政府实际管控下要实现与国有建设用地同等入市的难度依然不小。

3.3.2 村集体对用途管制的突破：土地混合利用现象

正式制度对集体土地用途的管制，限制了集体土地的升值空间。与此形成反差的是，不同乡村都出现了土地混合利用现象，在土地基本用途的基础上加入了更具经济效益的功能。其中既有技术进步的原因，也有城乡融合的推动，以及历史政策的路径依赖。

1）产业用地

乡村素来存在套种、间作的农用地混合利用技术，如西北、东北的春（冬）小麦间套春玉

[①] 何子张，李晓刚. 基于土地开发权分享的旧厂房改造策略研究：厦门的政策回顾及其改进[J]. 城市观察，2016（1）：60-69.

[②] 庄志强. 广州市城中村改造政策与创新策略研究[D]. 上海：同济大学，2008.

米模式,西南与华南、华中的丘陵旱地麦玉薯间套模式,长江流域、黄河流域棉区、南疆冬小麦套(栽)棉花两熟模式等。复间套种提高了土地利用率,虽然比较耗费人工,但在相当长时期内与农村劳动力剩余、耕地资源紧张的状况相适应。到了现代,由于传统农业比较效益低的缺点日益显现,复间套种的农用地混合利用呈现不断减少的趋势。但在浙江等人均耕地偏少、耕地非粮化压力大的省份,粮经结合的农用地混合利用依然是农业科技创新的重要方向。2005年,浙江省青田县"稻鱼共生系统"被联合国列为全球重要农业文化遗产①,在此原理之上发展出稻虾、稻蟹、稻蛙以及浙江省德清县首创的"稻鳖共生"②种养模式,既利用生物间的互促互抑来实现控制病虫草害的目的,又能提高农民收入③。

传统农业受新型工业化思想和技术不断改造,推动了设施农业和设施农用地的产生、增长。设施农业涵盖了生产设施、附属设施、配套设施等多种功能类型。设施农用地在用地分类上被归于农用地,但建有构筑物,并且农业现代化要求它们在物质形态上逐渐脱离简易大棚、简易房、土路等形式,变得更加坚固和耐久。许多大城市周边涌现了农业和休闲产业融合的现象,一些风景较好的乡村在发展水产、畜牧养殖的同时为游人提供垂钓、投喂等娱乐体验。受相关经济利益诱导,设施农用地的范围在现实中被不断扩大,成为近年来农用地管理和规划的难点。从2010年国土资源部、农业部联合下发的《关于进一步支持设施农业健康发展的通知》可以看出,许多地区的乡村把庄园、酒庄、农家乐甚至永久性餐饮、住宿、会议、大型停车场、工厂化农产品加工、展销等功能设施都建在了设施农用地上。

在改革开放后较长一段时期内,乡村各产业之间的用地边界清晰,彼此独立。例如,农业生产在农用地上开展,工厂化农产品加工在工业用地上进行,农产品交易在商业用地上进行,彼此之间靠物流连接。但随着不同产业在技术、产品、业务等方面形成交集,其用地功能也从单一变为混合。拿前述例子来说,目前出于农产品保鲜和提高农产品附加值等需要,其存放、清洗、分拣、加工和包装往往通过流水线完成,甚至交易和物流也在同一个项目区域内连续完成,实现了农业、工业、商业三大产业高度融合,设施农用地、生产仓储用地、商业服务业用地难以分开独立设置,与相关法规政策产生了明显的冲突。

2) 宅基地

对各个国家的农民来说,把农宅空间的一部分用于居住以外的用途(如养殖)都不是遥远的历史,直到工业化养殖出现,这些用途才渐渐从住宅中分离出去,使居住与农业相对独立。受到相关政策影响,利用宅基地发展第二、第三产业成为部分农户家庭经营收入的重要来源。早在2000年,就有经济学者通过研究过去15年浙江省10个村农户固定跟踪观察资料得出这样的结论:家庭商业、饮食服务业等第三产业极有力地推动了家庭经营收入来源由农业向非农业转型,而家庭工业以及运输业份额变化则处于一种波动式变化过程中④。一

---

①　隆斌庆,陈灿,黄璜,等. 稻田生态种养的发展现状与前景分析[J]. 作物研究,2017,31(6):607-612.

②　吴早贵,王岳钧,吴海平. 浙江省新型农作制度发展现状与对策探讨[J]. 浙江农业科学,2016,57(5):629-631,634.

③　王强盛,王晓莹,杭玉浩,等. 稻田综合种养结合模式及生态效应[J]. 中国农学通报,2019,35(8):46-51.

④　史清华,黄祖辉. 农户家庭经济结构变迁及其根源研究:以1986—2000年浙江10村固定跟踪观察农户为例[J]. 管理世界,2001(4):112-119.

项 2013 年浙江省 16 个村农户调查研究显示,以家庭工商业经营为主的农户人均纯收入是农业户的 3 倍多[①]。农民也发展出如农家乐、网店等新的功能混合形式,在经营良好的情况下雇佣保洁员、厨师、客服等。农民加入自媒体写手等远程办公类事业则进一步提升了农宅混合利用的层次。

3.3.3 农用地流转:从自发流转到政府推动

从 20 世纪 80 年代中后期开始,越来越多的农户基本脱离农业。首先出现了村集体内部的委托代耕现象,即存在农业税的背景下,农户外出打工出于保留承包经营权的考虑,采取倒贴的方式暂时转出耕地,代耕户收取工钱,或留取一定的土地产品。农业税取消后,又演化出了将承包地有偿转让给其他农户耕种的形式。因此土地流转在学术文献中最初是指土地承包经营权(使用权)的流动和有偿转让、转包[②]。农户自发的农地流转操作简单。以常德市的调查[③]为例,农地流转有 4 个特点:口头协议多于书面协议;一年以内的短期协议远远多于长期协议;以组内流转为主;农户私下流转很少按地方政府的程序走。

村集体发起的两田制、反租倒包也是农用地流转的实现形式,更受到地方政府的支持。两田制包含口粮田和承包田:前者人人有份,承担基本生活保障职能;后者通过竞标方式进行配置,承担粮食增产增效和发展集体经济职能。反租倒包,是将农户享有的承包经营权分解为土地承包权和土地使用权,由村集体出面租赁农户承包的集体土地,经过统一整理之后,再转包给有经营意愿的农户。

在国家肯定了乡村自发的农用地流转实践,鼓励农业适度规模经营,并投入财政资金后,地方政府以各种方式推动农用地流转。普遍积极参与土地整理项目和农业综合开发项目,通过引入和补贴龙头企业,扶持大农等新型农业主体,追求土地规模经营。部分地方还出现了地方政府主导的土地信托流转模式。

3.3.4 各地集体建设用地流转制度创新

1) 政策发展

20 世纪 90 年代,城郊接合部及经济发达地区普遍出现了宅基地的转让以及集体非农业建设用地的转让、出租、抵押[④]。

早期,以苏州为代表的存量集体建设用地流转需要先转为国有土地,再进行流转。1996 年,苏州市颁布了《苏州市农村集体存量建设用地使用权流转管理暂行办法》,规范管理现实中已经大量存在的集体建设用地流转现象。2004 年流转范围扩大到城镇规划区内[⑤]。"苏州

---

① 陈卓,吴伟光. 浙江省集体林区农户生计策略选择及其影响因素研究[J]. 林业经济评论,2014,4(1):121-128.
② 王桂英,傅河. 土地制度和流转机制的实践与走向[J]. 农业经济问题,1994,15(6):31-35.
③ 张业相,郭志强,刘艳君. 农地流转初具规模 规范管理亟待加强:对常德市农村集体土地流转情况的调查与思考[J]. 湖南农业大学学报(社会科学版),2002(1):30-32.
④ 蒋巍巍. 集体土地使用权及集体非农建设用地流转问题分析[J]. 中国土地科学,1996(S1):74-77.
⑤ 龙开胜. 农村集体建设用地流转:演变、机理与调控[D]. 南京:南京农业大学,2009.

式流转"①仅限于集体建设用地,不包括宅基地,开集体建设用地正规化流转之先河。

2005年10月1日起实行的《广东省集体建设用地使用权流转管理办法》,是我国地方政府首次对集体建设用地流转立法,明确"集体建设用地使用权出让、出租、转让、转租和抵押,适用本办法",规定在符合规划的前提下,兴办各类企业都可以使用集体建设用地。湖北、河北等省陆续出台法规确立集体建设用地使用权流转规则与形式。土地流转的范围拓展到因买卖、出租农房引起的宅基地使用权转移,以及集体经营性建设用地②。

2)收益分配方式

在集体建设用地流转制度改革之初,主要采取转权让利模式,通常用于城镇规划区以内的农村集体建设用地。"转权"即先将集体建设用地的所有权由归集体所有转变为国有,并补办相关手续,方可流转。土地收益按照一定比例支付给村集体。这在本质上属于在收益分配方面照顾村集体的土地征收行为。

20世纪90年代后期,出现了保权分利模式。即保持集体建设用地所有权不变,参照国有土地有偿使用的方式进行管理。江苏昆山的流转收益全部归村集体所有,地方政府不参与分配。在江苏宜兴,地方政府设定集体建设用地的年租金标准,并有权对租金标准进行定期调整;规定租金收益的3%上交国土资源部门,97%归村集体经济组织所有。湖北沙洋县政府对集体建设用地流转价格制定了最低价格标准,具体价格由"招拍挂"实际价格决定;缴纳10%的有偿使用费后,剩余90%收益归村集体所有。在安徽芜湖,流转收益按照县政府:乡镇政府:村集体为1:4:5的比例进行分配。

目前,尚未形成集体建设用地流转的市场价格机制,全国范围内缺乏较为统一的收益分配方式。流转实践中主要还是以协议价格为主,容易受到政府行政力量的干扰,集体建设用地的真实价值无法反映出来。地方政府作为管理者有时也会参与收益分配,各地标准不一,使村集体获得的流转收益存在较大的差异③。

3.4　小结

诺斯的制度变迁理论认为绝大多数的制度变迁都是渐进的,这一关于制度变迁最重要的论点在集体土地使用权制度转型中得以充分体现。在这一制度变迁过程中,以城市经济发展为中心的地方政策发挥了更多治理作用。集体土地最终的处分权由地方政府决定,为了城市化的发展需求,各地采取了相互独立又彼此呼应的集体土地政策创新,从乡村获取了大量廉价土地。地方政府也决定了土地流转过程与利益分配方式。我国著名宪政学者蔡定剑等④认为,"过于依靠政策将使社会处于一种缺少明确的行为规范和准则,缺少有效的秩

---

　① 姜爱林,叶红玲,张晏."苏州式流转"评说:关于苏州市集体建设用地流转制度创新的若干理论思考[J].中国土地,2000(11):20-26.

　② 叶艳妹,彭群,吴旭生.农村城镇化、工业化驱动下的集体建设用地流转问题探讨:以浙江省湖州市、建德市为例[J].中国农村经济,2002(9):36-42.

　③ 袁央.集体建设用地流转模式比较[D].杭州:浙江大学,2014.

　④ 蔡定剑,刘丹.从政策社会到法治社会:兼论政策对法制建设的消极影响[J].中外法学,1999,11(2):7-12.

序和稳定发展状态"。这意味着国家制度的统一性和力度的降低。

集体主义依然是重要的制度性财产。从土改时期短暂的土地私有制,经过合作化发展形成集体所有的产权结构安排,使得集体内的成员权原则成为当前乡村社会界定产权的最基本准则①。国家反复强调和重申的始终是家庭承包责任制作为中国农村政策的基石,必须稳定和坚持长期不变。对中国农民来说,这不仅是一种经营手段,也是一种生活方式,是生存与发展的制度福利保障,乡村建设者们对此应当充分理解。

最后,由于国家对集体土地用途、入市进行了规定和限制,土地权益和价值在经济活动中无法充分体现;集体土地无法进行融资抵押,也限制了村集体发展经济的意愿的实现。

使土地从集体经济福利变为集体经济助力,从地方政府治理角度而言,应当是乡村规划与建设的政策创新要点。

---

①　申静,王汉生. 集体产权在中国乡村生活中的实践逻辑:社会学视角下的产权建构过程[J]. 社会学研究,2005,20(1):113-148.

4　村集体主体性的衰弱与双重挑战

本章对村集体、企业、地方政府在追求经济利益方面的特征进行论述,明晰工商资本和地方政府分别对村集体施加的挑战和影响。

4.1　村集体经济组织状态:有分无统

4.1.1　分散的生产者

1) 家庭化生产

一些乡村的农业户依然延续着改革开放以来的家庭承包经营。即使是流转了其他成员土地的家庭农场依然维持着农业生产者的地位,获取初级农产品生产领域的利润。只有极少数家庭农场能够达到国家和地方相关部门的资质认证标准(农业部首次全国家庭农场发展情况统计调查结果显示,截至 2012 年底,全国总共只有 87.7 万个家庭农场,其中被有关部门认定或注册的达 3.32 万个,占总数的 3.8%[①]和获得财政资金扶持(截至 2015 年底,获得财政资金扶持的家庭农场占总数的 6.6%,平均获得扶持资金 5.9 万元[②])。农业户通常乐于种植非粮食作物来提高收入。一项 2015 年西安市 23 个村的农业户调查研究表明,种植蔬菜、水果、苗木等特色农产品的农业户人均耕地面积和人均收入分别是种植粮食作物的农业户的 2.4 倍和 3.3 倍[③]。

国家鼓励农户进行非农创业,对乡村产业造成了很大影响。2004 年中共中央国务院《关于促进农民增加收入若干政策的意见》在发展农村第二、第三产业章节提出大力发展农村个体私营等非公有制经济。以户为单位获得的承包地和宅基地为固定的生产经营场所、又以家庭成员为主要劳动力的家庭作坊、农家乐等,都可以登记为个体工商户。依靠劳务输出等手段实现非农化资本原始积累后[④],家庭作坊、农家乐在一些工业聚集、旅游业开发地区的乡村发展起来(图 4-1)。互联网时代,在浙江、广东等富有商业文化传统的地区,农户依靠良好的交通区位、互联网基础设施,进一步将农产品、小商品销售与电子商务结合,涌现出一大批淘宝村,例如售卖坚果炒货的临安白牛村,售卖教玩具的永嘉梅岙村,等等。

①　农业部新闻办公室. 我国首次家庭农场统计调查结果显示:全国家庭农场达 87.7 万个 平均经营规模超过 200 亩[EB/OL]. (2013-06-04)[2019-12-08]. http://www.moa.gov.cn/xw/zwdt/201306/t20130604_3483252.htm.
②　杨霞,张伟民,金文成. 2015 年 34 万户家庭农场统计分析[J]. 农村经营管理,2016(6):18.
③　盖梦迪,杨海娟,李飞,等. 基于产业分类的农户生计与生计产出关系探究:以西安市城郊乡村为例[J]. 中国农业资源与区划,2018,39(5):200-207.
④　史清华. 农户家庭经济资源利用效率及其配置方向比较:以山西和浙江两省 10 村连续跟踪观察农户为例[J]. 中国农村经济,2000(8):58-61.

图 4-1 农家乐和家庭作坊

资料来源:课题组

2) 分化的农户

"现代经济分析用效用最大化替代了传统的利润最大化假定,理性被理解为人能根据自己所面对的约束做出反映一系列欲望、期望与偏好的选择,且所做出的选择宁愿更多,而不是更少"①。农户生计来源逐渐脱离了单一的农业生产,就业地不再局限于本村、本市,非农就业途径和收入渠道多元化,非农收入显著增加。一些乡村甚至因大量农民外出谋职而成为"空壳村"。农户有所分化:由于化肥、除草剂等农资的应用,留守老人种地成了一项相对轻松的任务,不过经营规模较小;以人情流转了亲戚朋友的土地耕种,收入有所增加;经商、进入政府部门的具有更多的社会资本。

由于农村养老、医疗等社会保障水平与城市社会保障相比尚处在较低水平,农户以货币抵御风险的能力亦不充分,而土地对农户具有长期自我保障功能,造成农户的价值观普遍保守②,在一定程度上阻碍了村集体经济组织的自发形成:不是求其最好、利益最大化,而是避免最坏的、指望较好的;不是不思进取、缺乏竞争意识,而是害怕无法承受失败的后果;不是索取新的,而是坚守旧的;不是伸手,而是对土地不放手。而且随着乡村人才进城,组织和管理分散农户的难度越来越大。村集体如果一味顺应多数农户的价值观,采取"安全第一,效益第二"③的放任态度,结果只能是基本维持现状。

4.1.2 虚置的集体统一经营

1) 高组织成本的各类合作组织

在家庭承包经营制度运行后,以及农村税费改革后,许多乡村的集体资产基本被农户瓜分完,造成集体层面的统一经营削弱甚至消失,"统分结合"变成了"有分无统"。为应对这种集体统一经营的虚置状态,从事专业生产的部分农户组成专业协会等松散的合作组织,提供某一产业或产品的购销、技术培训等免费服务,但往往由于缺乏资金而无法稳定、持续发挥

---

① R. H. 科斯. 财产权利与制度变迁:产权学派与新制度学派译文集[M]. 上海:上海人民出版社,1994:2.

② 折晓叶. 合作与非对抗性抵制:弱者的"韧武器"[J]. 社会学研究,2008,23(3):1-28.

③ 魏立华,袁奇峰. 基于土地产权视角的城市发展分析:以佛山市南海区为例[J]. 城市规划学刊,2007(3):61-65.

功能。有学者分析认为,合作社较高的组织成本来自维系合作社团结的一系列合作原则的执行,如限制外来资本的权力、重视社员教育等①。而当产生的收益不够多,那么即使有合作的需求,也无法实现。

乡村劳动力进入乡镇企业、城镇务工,农业的经济地位不断下降,对合作的需求下降,也是造成部分地区以农业生产为中心的乡村统一经营虚置问题长期持续的原因。例如:2000年江苏盐城的第一产业产值比重高达30%,合作组织会员占全部农户的39.57%;而无锡的第一产业产值仅占国内生产总值的4%,合作组织会员仅占全部农户的0.49%,即农业产值占比越低,农户对合作组织的需求就越弱②。

2)普遍贫乏的村级财务

村集体作为治理末梢,集体资产缺乏令其无法代替农户支付组织化管理成本,集体经济组织的现实意义也被大大削弱。

税费改革之前,村集体通过"三提留"获取一定资金,有的村集体还有如水塘、山林、机动田等集体土地,可以通过将机动田承包出去等形式获得资金。这些集体财产对于村集体而言有着提高组织化程度的功能,村集体可以通过满足组织自身运转所需的管理费用要求并提供少量公共品,保证农户与村集体之间维系"统分结合"的关系,以利于达成集体行动的目的。税费改革特别是农业税取消后,村集体失去了向农民汲取财力的合法性通道,村集体的收入主要依赖国家转移支付和"一事一议"维持基本的行政功能运转。前者相对于村级治理所需的资金缺口而言是"杯水车薪",后者往往由于达成条件的严苛性及"搭便车"现象的普遍存在而难以实行。

村集体企业改制时盲目选择村办企业私有化,也导致集体资产后续陷入困境。20世纪90年代末,集体经济普遍进行了改制,一是直接变为私营企业,二是变为经营者持股的股份制企业。70%的集体企业改制都选择了私有化。有学者认为,这种所谓等价交易的经营层买断,忽视了前期基于集体主义的各种乡村要素投入的价值,本质上是个人对集体资产的掠夺行为③。

只有少数具有较强经济实力又以某种集体经济组织形式存在的乡村,主要集中于长三角和珠三角地区,被折晓叶称为"超级村庄"④。在这些地方,乡村社队企业的集体积累成为改革开放后村办工业的基础,而村办工业又将集体成员以工业化的方式重新组织,形成一种村庄的合作主义:"通过村政功能的作用,使农民人人都能分享到村庄繁荣的果实";而由村集体为主导的合作体系,使村庄的整体利益神圣不可侵犯,确有成效地保留了集体财产,建设了村政设施,发展了集体福利事业。

① 林坚,马彦丽. 农业合作社和投资者所有企业的边界:基于交易费用和组织成本角度的分析[J]. 农业经济问题, 2006,27(3):16-20.

② 孙亚范,徐琛. 江苏新型农民专业合作组织的现状与发展[J]. 现代经济探讨,2003(6):35-38.

③ 程世勇,刘旸. 农村集体经济转型中的利益结构调整与制度正义:以苏南模式中的张家港永联村为例[J]. 湖北社会科学,2012(3):104-108.

④ 折晓叶. 村庄边界的多元化:经济边界开放与社会边界封闭的冲突与共生[J]. 中国社会科学,1996(3):66-78.

4.1.3 绩效特征:缺乏市场竞争力

1)趋同导致过度竞争

以农户为单位的分散生产容易因趋同而导致过度竞争和滞销。以农业为例,产销信息不对称,农户缺乏基本的市场分析能力,不能够准确地分析市场的需求,面对巨大的市场,很容易因为某种农产品上一年度收益较好就一窝蜂地改种或者增加种植面积,造成农产品供过于求,售价反而降低,当农产品的实际价格远低于均衡价格时便发生了滞销事件。我国蔬菜种植、奶牛饲养等仍主要采取小农经营模式,滞销事件频发,如:2012年安徽阜阳蔬菜滞销、2015年1月河南新乡"倒奶杀牛"事件等。

在乡村旅游业,同质化开发的现象也非常普遍。许多农户能够凭借一定的资源禀赋(例如自然生态资源、风景景观资源、村落古建筑资源、民俗文化资源)和历史机遇参与乡村旅游业,从事农家乐、导游、客运、餐饮、纪念品销售等工作。但往往只是简单地完成了资源禀赋的变现,无力对资源进一步激活、融合、创新。同样的发展路径反复被具有类似资源禀赋的乡村复制。村与村、户与户之间围绕同样的目标消费者群体展开低价竞争,旅游收益在低水平徘徊。

2)提质乏力,升级缓慢

小农生产的初级农产品附加值低,但小农又缺乏商品意识和品牌意识,没有能力对农产品进行深加工,导致本地产业链过短。农产品结构升级缓慢,品种雷同多、特色少,低质产品多,优质产品少,无法满足市场的多样化和品质化的需求变化。

由于存在对外部资源禀赋的依赖性,一旦市场环境恶化,乡村家庭经营容易遭遇毁灭性打击。有的乡村因临近产业集群(如浙江的块状经济带),得以凭借廉价的劳动力进行零配件等的家庭作坊生产。在市场需求旺盛的时期,为了尽量扩大家庭作坊规模,农宅加建、扩建现象非常普遍。随着国际金融危机之后海外订单的减少和块状经济经营日益困难,许多家庭作坊受到牵连而停产、倒闭,而村庄道路空间逼仄、居住环境品质下降的现实也很难扭转。

4.2 工商资本逐利对村集体主体性的压力

4.2.1 创造更多利润的动力

1)以市场为导向的生产

追求"利润最大化"是企业的存在理由和本质。为吸引现实或潜在购买者,企业只能生产消费者需要且有能力购买的商品或服务。如果企业销售所得超过创造产品或服务所花费的各种成本,那么企业就有盈利,反之则亏损。为了有足够的盈利以维持长期生存,企业往往善于分析消费者需求,根据需求信息调节生产,也能把握市场潜在需求所带来的发展机遇。

以乡村旅游业为例,在古村落密集的地区如安徽黄山、江西婺源,多是旅游企业通过与村集体合作建设、开展市场营销,占领了发展的先机,较快实现了将古村落资源转化为旅游收入的过程。例如:宏村最早由京黟旅游开发总公司租赁,该公司负责景区的日常经营活动;婺源李坑村由民营企业家叶如煌投资,其进行了道路、自来水等基础设施建设和民居建筑改造建设等。同时期,这些地方的农户往往因为信息不对称等原因缓于行动。

在将体验作为一种商品的时代,有企业察觉到人们对农耕的憧憬,下乡租用果园再分割成小块转租给城市消费者做市民农场。市民交付了租金之后在农园中感受农作耕种带来的独特享受(图4-2)。相关企业又逐步开发出家庭、都市白领、银发族等细分市场,根据其需求差异为其量体裁衣,并密切关注消费者的满意程度,适时更新。

图4-2 市民农场

资料来源:课题组

而结合中国社会老龄化程度加深、城市养老资源不足和乡村休闲旅游快速发展的现实,有的企业发掘出乡村养老产品,满足70岁以下健康老年人去乡村生活的期待。典型的如浙江联众休闲度假有限公司(简称"联众公司")的城仙居品牌,有效地整合利用了乡村的宅基地资源,受联众公司启发的乡村养老模式在各地得到了一定的发展[①]。部分企业进一步发现,拥有阶层优势的老年人消费水平会更高,尤其是在科教文卫公等职业领域,除了饮食起居等物质基础,对交友交流、修身养性等精神生活也有一定的要求。在乡村养老度假地区开发过程中,整合老年护理与医疗、老年教育与康乐、生态居住环境等异质化资源,促使企业保持竞争优势。

2) 增加土地产出效益

价值"微笑曲线"告诉我们,简单的生产和服务只能赚辛苦钱,农户的初级农产品种植、家庭作坊制造、农家乐经营等往往位于价值"微笑曲线"的底部,而利润最丰厚的区域集中在曲线的两端,即研发端的技术和专利以及市场端的品牌和服务。

随着消费者对食品安全的重视,以及居民收入的增长,健康农产品消费市场有巨大的增长潜力,优质农产品存在产品品牌、管理溢价空间可供挖掘。许多农业龙头企业致力于追求农业生产的产前和产后利润,因为其经济效益更高。例如对农产品进行精深加工以提高农产品附加值(在农业产业化较高的发达国家,农产品加工值与农业总产值之比高达8:1[②])。

① 李松柏. 长江三角洲都市圈老人乡村休闲养老研究[J]. 经济地理,2012,32(2):154-159.
② 蒋智华,朱翠萍. 农业产业化经营对农村剩余劳动力转移的效应分析[J]. 思想战线,2011,37(4):145-146.

农业产业化经营的龙头企业具有开拓市场、赢得市场的能力,能使农业生产顺应千变万化的市场需求,有稳定的农产品销售渠道。

乡村集体建设用地数量巨大但闲置现象严重,企业的经营管理水平高于农户,能够使处于闲置、边际利用状态的乡村集体建设用地产生更大的效益。许多开展土地制度改革试点地区都让集体建设用地适度"流动"起来。浙江德清县吸引了大量个人、企业投资者发展民宿酒店,产生了大乐之野(拥有 5 栋房子、投资 1800 万元)、翠域(拥有 4 栋农宅、投资 1600 万元)、清境原舍和庾村(总投入近 1000 万元)、裸心谷度假村等取得了经济收益并对乡村活化构成积极影响的开发案例①。

4.2.2　长期经营土地的实力

1) 具有战略眼光

战略眼光通常表现为对环境变化趋势的洞察、预见和应变②。洞察是获取分析有效信息进而得到关键性知识的思维能力,可以根据表面现象,准确地认识到事物的本质及其内部结构,能够从看似完好的表面中发现问题的征兆。预见是通过对事物之间关系的分析和判断来预测未来的一种能力,需要长期在决策与结果之间的比对推演中逐步提高对事物发展规律的判断与想象。应变是一种基于其自身的目标和取向,不断捕捉内外环境发展细微变化继而快速调整决策的能力。

随着乡村土地制度和政策的改革,一些有战略眼光的工商资本对乡村土地以及附着其上的自然资源、人文资源以及乡村的发展潜力有独特的理解。他们了解城市领域同行竞争的关键所在。他们能够通过对国内外市场的把握和分析看到具有潜在利润空间的投资方向,例如联想集团进军现代农业,按"适宜标准化工业化生产、市场自由度高、具有品牌管理溢价空间、目前行业集中度较低"③等四个标准对行业领军企业进行筛选、全资收购和整合改造后,快速将高端农产品投入市场。

2) 能承受长投资周期项目

有一些产业发展项目具有技术集约和资本集约等特点,投资回收期长,没有一定实力的企业无法承受。房地产企业在 2008 年金融危机后有越来越强烈的转型需求,传统能源企业特别是煤炭企业等自然资源依赖型企业易受到政策调控影响,纷纷开始扩张自己的经营版图,寻找新的利润增长点。

现代设施农业项目具有长投资周期特点。随着园艺设施朝着技术化方向发展,设施农业投资回收期越来越漫长。以大棚为例,其有玻璃自控温室、智能联动棚、花卉棚、联动棚等不同类型。玻璃自控温室每平方米造价可逾千元,相比之下,普通的以钢架为主体骨架材料、覆盖聚氯乙烯塑料膜的塑料大棚每平方米造价仅需几十元。玻璃温室的自动化、智能化

①　俞昌斌. 莫干山民宿的分析探讨:以裸心谷、法国山居和安吉帐篷客为例对比[J]. 园林,2016(6):17 - 22.

②　饶扬德. 企业资源整合过程与能力分析[J]. 工业技术经济,2006(9):72 - 74.

③　张红宇,禚燕庆,王斯烈. 如何发挥工商资本引领现代农业的示范作用:关于联想佳沃带动猕猴桃产业化经营的调研与思考[J]. 农业经济问题,2014,35(11):4 - 9.

设备对灌水施肥、通风降温、加温等进行调控,为农作物生长发育创造最佳的环境条件。有学者对单栋塑料温室、连栋塑料温室、玻璃自控温室三种类型进行比较后得出:玻璃自控温室的期望报酬率、风险报酬系数、风险报酬率、投资总报酬率都最高,年均现金净流量最大,投资方案最优;但其投资回收额最大、投资回收期最长、资本成本最高,投资风险也最大①。

乡村旅游度假项目也属于资本集约项目。以民宿为例,需要对原有建筑进行改扩建或新建,前期投资成本比较高;年平均入住率低,只有30%左右,长三角及东部沿海地区入住率为65%～70%,与休闲旅游业绑定往往会出现严重的淡旺季差异②;实际利润较低,资金回笼比较慢,投资回收期一般在4年以上③。由于宅基地的居住保障制度底线以及土地管理法的规定,对连片宅基地开发构成了很大难度,目前利用地方性政策对村落进行功能置换开发而成的酒店,都是定位非常高端的精品酒店。乡村旅游度假片区的维护成本也比较高,例如景观环境、基础设施、建筑物的保养、修缮等。

4.2.3　企业家社会资本助力

企业家社会资本,就是其企业内部和企业外部的全部人际关系构成的网络④。企业家社会资本与企业经营绩效存在正相关关系。

企业家社会关系网络能为企业家提供来自非正式和正式渠道的准确、快捷、稳定的信息,克服了市场信息传递中的逆向选择与道德风险。企业家社会资本实质上是信誉机制:企业家基于对员工的信任,对员工充分授权,员工基于对企业家的信任,为企业发展献计出力,从而强化了企业内部凝聚力;当代企业的基本战略之一是企业间的联盟,在联盟建立和发展过程中,企业家社会资本有助于企业从短期寻利变为追求长期关系,长期的相互信任能够降低讨价还价、契约制订等事前事后交易成本。企业家社会资本使企业将员工、合作伙伴、顾客联系起来,增强了企业家本人的号召力和影响力,构成了企业核心竞争力重要因素,是企业长期获利的保证。

在我国转型经济环境下,企业家对社会关系网络进行工具性利用,以达到功利化目标。民营企业主会有意识地发展那些掌握关键资源的网络关系⑤。有研究表明,企业家的朋友在"体制内"的职务和职业,明显地有利于企业的规模⑥。

能够创造更多绩效、具备长期经营土地的意愿与能力、受企业家社会资本助力的企业,一旦顺利流转得到集体土地,将随着时间的流逝不断实现积累。

① 魏德云,陆军,谢银娟. 温室年均净现值法投资决策分析与国外经验借鉴[J]. 世界农业,2017(5):65-72.

② 沈杰. 上海郊区民宿发展的瓶颈和对策[J]. 中国国情国力,2017(1):48-50.

③ 张建斌. 从财务视角对民宿行业面临的问题及解决措施的分析[J]. 科技经济市场,2019(11):108-110.

④ 周小虎. 企业家社会资本及其对企业绩效的作用[J]. 安徽师范大学学报(人文社会科学版),2002(1):1-6.

⑤ 杨鹏鹏,万迪昉,王廷丽. 企业家社会资本及其与企业绩效的关系:研究综述与理论分析框架[J]. 当代经济科学,2005,27(4):85-91.

⑥ 李路路. 社会资本与私营企业家:中国社会结构转型的特殊动力[J]. 社会学研究,1995(6):46-58.

4.3 地方政府政绩竞争令村民集体"失语"

4.3.1 地方政府间竞争的增长需求

1）央地财政分权与招商引资

财政分权是中国地方政府竞争现象出现的最重要动因。1994 年国家推行"分税制"改革和 2002 年《所得税收入分享改革方案》的出台,对经济增长产生了正面的效果,地方政府作为独立利益主体的特点越来越突出。

在预算内,增值税、企业所得税是地方政府重要的收入来源。为增加本级财政收入,地方政府在改善投资环境方面做出了巨大的努力,以吸引资本、技术等生产要素。低税负竞争策略是地方政府吸引企业投资的重要手段。在江苏、浙江等东部发达地区,吸引外资成为经济发展的头等大事,外商直接投资企业进入能迅速直接扩大当地出口规模。这些地方政府既充分利用了《中华人民共和国外商投资企业和外国企业所得税法》对外资企业税收减免权的规定,又越权制定地区性所得税优惠政策,一再突破国家外资优惠政策底线①。地方政府还争相提供远低于成本价格的土地,出现了"以门槛一降再降,成本一减再减,空间一让再让为主要内容的让利竞赛"②。吸引规模较大的国有企业进驻本地区也很重要,地方政府通常会特别加大对国有企业进入的税收激励力度③。

2）官员考核制度的正负向激励

除了财政分权,造成地方政府间竞争的另一个重要因素是地方政府官员的任免和目标责任考核机制。由于下级官员的职业发展最终由上级决定,地方官员积极迎合上级的目标和偏好,以争取连任和晋升④。此外,上级政府通常将年度总体目标任务向下级分解落实,作为下级的目标责任,进而进行绩效管理考核和领导官员选拔等⑤。

改革开放以来,中央强调"发展是硬道理"。官员的考核与选拔标准与经济增长产生了密切关联,地方经济发展与排名影响了官员晋升。受此影响,地方政府官员致力于发展地方经济,相互竞争,形成了周黎安⑥所说的"政治锦标赛模式"。这一模式也间接鼓励了地方政府围绕经济结构调整、产业结构优化等经济发展目标自主进行制度创新,实现地区利益最大化,从而在整体上推动了中国经济奇迹的发生⑦。

① 傅勇,张晏. 中国式分权与财政支出结构偏向:为增长而竞争的代价[J]. 管理世界,2007(3):4-12.
② 任勇. 地方政府竞争:中国府际关系中的新趋势[J]. 人文杂志,2005(3):50-56.
③ 贾俊雪,应世为. 财政分权与企业税收激励:基于地方政府竞争视角的分析[J]. 中国工业经济,2016(10):23-39.
④ 宋凌云,王贤彬,徐现祥. 地方官员引领产业结构变动[J]. 经济学(季刊),2013,12(1):71-92.
⑤ 刘佳,吴建南,马亮. 地方政府官员晋升与土地财政:基于中国地市级面板数据的实证分析[J]. 公共管理学报,2012,9(2):11-23.
⑥ 周黎安. 转型中的地方政府:官员激励与治理[M]. 第2版. 上海:上海人民出版社,2017:14-22.
⑦ 张五常. 中国的经济制度[M]. 神州大地增订版. 北京:中信出版社,2009:158-160.

相对于政治晋升,政治淘汰也是目标责任考核机制的运作方式,其中的一票否决制增加了政府官员的危机感,一旦不能完成关键指标就可能永远失去晋升机会,甚至丢掉"乌纱帽"。因此,地方政府倾向于不计代价地竞争[①]。

4.3.2　不均衡的乡村公共投资倾向

通过央地财政分权,国家掌握了前所未有的大量财政资金,项目制治理成为中央进行财政转移支付的主要手段,即中央部、委、办以项目所形成的转移支付来分配国家资源,引导地方政府抓项目、向上跑项目,否则就没有专项资金运行公共事务。项目制治理下,国家重视乡村公共投资的意志通过相关部门财政转移支付、地方各级政府配套资金,以及社会各领域资源的整合动员而被强化。

1) 受重视的经济性基础设施建设

乡村公共投资可被分为基础设施投资和社会性支出两大类别。有学者将其称为经济性基础设施投资和社会性基础设施投资,前者包括交通、给排水、电力电信等工程性内容,后者是指教育、医疗卫生、文化体育、社会福利等支出。基础设施曾一度被发展经济学家们称作"间接社会资本",是经济发展的先行投入[②]。基础设施标志着国家和地区的物质文明建设水平。相比城市基础设施建设的充分发展,我国农村地区基础设施建设长期落后,制约了农民福利提升和农业发展。

自 2004 年起,连续八个中央一号文件均强调农村基础设施建设的重要性,我国农村基础设施建设进入了持续增长时期。"新农村建设"作为中央提倡的一个综合性目标,其"八大工程"(亦作"十大工程")包含不少于 94 项不同的专项项目(如道路、河道、绿化、社区建设等),都是经济型基础设施建设项目。资金来源是国家各部门财政、地方各级政府配套和村庄内部自筹,国家、地方、乡村三方承担的资金比例根据项目规模和要求而有所不同。乡村基础设施建设得到改善:全国农田水利设施建设明显加速,开展了大型灌区节水改造、病险水库除险加固、续建配套与节水改造等工程;农村饮水安全工程建设投资加大,数亿农村居民的饮水安全问题得到解决;农村公路通达水平大幅提高[③]。

目前,乡村经济性基础设施建设投入具有地区间不均等、结构不合理等特点。东部地区的地方和乡村资金相对充足,基础设施建设相对完善。而经济落后地区的地方财政底子薄,尽管国家加大了转移支付力度,但仍然不能满足资金需要,有的地方甚至一度向村集体或农民以摊派、集资等形式筹集部分建设资金。由于政府部门条块分隔,乡村基础设施建设的财政资金来源分散,各级各部门只关心本部门资金的运用情况,对基础设施投资的整体投资效益漠不关心,投资结构不合理,部分资金被投入到一些面子工程、不符合农民实际需要、重复

---

① 刘佳,吴建南,马亮. 地方政府官员晋升与土地财政:基于中国地市级面板数据的实证分析[J]. 公共管理学报,2012,9(2):11-23.

② 骆永民,樊丽明. 中国农村基础设施增收效应的空间特征:基于空间相关性和空间异质性的实证研究[J]. 管理世界,2012(5):71-87.

③ 国家发展和改革委员会. 农村基础设施建设发展报告(2013 年)[R]. 北京:国家发展和改革委员会,2013:13.

建设的项目中,造成整体投资收益率不高,甚至下降,对农村经济社会发展产生了制约作用①。

  2)被扭曲的社会性支出

  项目制治理下,政府财政支出结构不平衡的现象被延续,甚至被强化。Heckman② 研究指出,政策更倾向于实物资本投资而不是教育,近年来这种不平衡状态仍然显著。中央对乡村的大规模减贫援助和新农村建设工作中增加了被用于改善农村地区的教育和卫生服务的投入数量,但社会事业发展滞后依然是现存乡村公共服务的明显短板。根据张秀莲③的统计,农村经济性基础设施投资与社会性基础设施在 2003 年分别占比 75.7% 和 24.3%,到了2010 年,二者分别占比 87.5% 和 12.5%,呈现加剧扭曲的发展趋势;同时通过调查发现,农民对社会性基础设施的不满意度高于经济性基础设施,不满意度排在前四位的有三类是社会性基础设施,包括文化设施、卫生设施、教育设施。

  地方政府对于相对见效慢、周期长的社会性支出兴趣不大,在农村科教服务以及福利保障方面的投入相对经济性基础设施来说偏少。义务教育经费由县、乡政府和农民共同承担。虽然国家要求地方加大教育投入,下达了"教育经费占 GDP 的 4%"的目标,但这个目标至今从未达到过,相关指标一直在 3.5% 以下④。乡村教育经费供应不足,乡村学校大幅减少,学生因远距离交通而经济负担加重,城镇学校班额过大。乡村教育经费只能勉强支付教师的基本工资,学校硬件设施、教学条件较差,学校空间拥挤、设施供不应求、学习环境恶化等问题依然严重⑤。

  部分乡村社会性基础设施布局逐渐脱离行政村的范畴。以学校为例:《大跃进》时,我国农村小学和初中盲目扩张,在数量上达到了顶峰,几乎所有自然村都出现了小学,每个合作社也基本设有农村初中;改革开放初期进行第一轮教育资源整合,关闭一部分、壮大了一些中心学校;随着 1986 年《义务教育法》的颁布特别是 2001 年教育部、财政部下发《关于报送中小学布局调整规划的通知》,又一轮学校布局调整开始,乡村中小学从村统一迁移至乡镇。除了学校,敬老院、医疗机构等设施也都集中分布于县、乡。规划领域内早已有一些学者对此展开研究并提出改进策略,如单彦名和赵辉⑥针对北京的多个级别乡村给出了提升公共服务设施建设标准的功能与面积配置建议;孙垚飞和黄春晓⑦则针对以老人、妇女、儿童及残疾人为人口结构特点的贫困地区乡村,提出了替代标准化、规范化的行政供给模式,采用流动性配置方法的思考和建议。但目前政策未出现转变迹象。

  社会性基础设施是生活、生产等活动必不可少的重要保障。大量研究表明,乡村居民受教育水平与收入呈现正向相关关系。受教育水平较高的农民往往能够发展更复杂的社交网

---

① 周君,周林. 新型城镇化背景下农村基础设施投资对农村经济的影响分析[J]. 城市发展研究,2014,21(7):14-17,23.

② HECKMAN J J. China's human capital investment[J]. China Economic Review, 2005, 16(1): 50-70.

③ 张秀莲. 我国农村基础设施投入及其影响因素研究[D]. 南京:南京农业大学,2012.

④ 傅勇,张晏. 中国式分权与财政支出结构偏向:为增长而竞争的代价[J]. 管理世界,2007(3):4-12.

⑤ 邓茗尹,张继刚. 新型城镇化背景下城乡社会性基础设施的规划策略[J]. 农村经济,2016(2):108-111.

⑥ 单彦名,赵辉. 北京农村公共服务设施标准建议研究[J]. 北京规划建设,2006,(3):28-32.

⑦ 孙垚飞,黄春晓. 农村基本公共服务配置的反思与建议[J]. 规划师,2018,34(1):106-112.

络和拥有更宽广的信息来源渠道,容易进入非农产业并获得更高的收入①。反过来,市场化改革带来的新机遇往往难以被受教育程度低的农民所把握。Chaudhuri 和 Ravallion② 以印度为例提出,印度不同邦属之间在教育方面的初始差异,是造成非农产业发展对减贫的影响存在差异的直接原因之一。

在项目制治理背景下,见效快、增长效应明显的经济性基础设施投资与见效慢的社会性基础设施投入严重扭曲③,非常不利于乡村居民参与第二、第三产业发展并从中受益。

4.3.3　乡村自治被项目资源消解

在项目资源成为乡村公共品供给和乡村建设等依赖的主要甚至是唯一资源来源后,因项目资源下乡而导致的村干部职业化和精英俘获消解了村民自治的基层实践基础,使乡村自治流于形式。

1) 村干部职业化

随着越来越多项目资源下乡,地方政府加强了对村干部工作是否按程序、是否规范的考核标准,资源越多,约束越细致。以公共空间与环境、基础设施建设为内容的乡村公共设施建设耗费了从中央到各级地方政府的专项财政资金,项目具有普惠性和公平性,政府部门成为管理者、规划者客观上是正当合理的。然而村干部将更多工作精力服务于项目资源下乡,逐渐丧失了根据乡村现状实行实质治理的权力;而按上级规范和程序进行形式治理,使得村干部变成一种职业。

村干部的收入不再是误工补贴的性质,而是与地方政府绩效考评挂钩的工资的性质。村干部基本脱离了生产经营活动,几乎成为自上而下行政体系的成员。与地方官员一样,其工作方式、流程、目标、规范都以上级为准,无论上级考评的事项是否符合本地实际,村干部都"扎扎实实搞形式、热热闹闹走过场"④,将上级安排的事项完成,以满足检查考评要求。村干部弱化了其作为村庄保护人的角色,没有了主动服务农民群众的能力与积极性,对农民实质性的需求视而不见,与农民打交道也主要是为了落实地方政府行政指令,做政策解释工作,村庄内部的治理工作也逐步退到次要地位⑤。

2) 精英俘获

"精英俘获"(Elite Capture)概念来自发展社会学,指的是在发展中国家的项目实施过程中,项目的最初实施目标被地方精英支配和扭曲,使项目的最终实施效果偏离预期⑥。在被

① 骆永民,樊丽明. 中国农村基础设施增收效应的空间特征:基于空间相关性和空间异质性的实证研究[J]. 管理世界,2012(5):71-87.
② CHAUDHURI S,RAVALLION M. 中国和印度不平衡发展的比较研究[J]. 经济研究,2008(1):4-20.
③ 傅勇,张晏. 中国式分权与财政支出结构偏向:为增长而竞争的代价[J]. 管理世界,2007(3):4-12.
④ 贺雪峰. 行政还是自治:村级治理向何处去[J]. 华中农业大学学报(社会科学版),2019(6):1-5.
⑤ 朱战辉. 村级治理行政化的运作机制、成因及其困境:基于黔北米村的经验调查[J]. 地方治理研究,2019(1):43-56.
⑥ DASGUPTA A,BEARD V A. Community driven development,collective action and elite capture in Indonesia[J]. Development and Change,2007,38(2):229-249.

我国一些社会学者引入后税费时代的乡村项目治理视域中后,乡村精英指的是以村干部为代表的政治精英,以乡村企业家为代表的经济精英,以及带有暴力色彩的社会精英。

随着项目资源下乡,乡村精英将资源垄断,大多数农民在村庄公共生活中的话语空间被进一步压缩。例如在竞得项目工程的承包资格后,承包商利用乡村精英在村庄中的影响力顺利完成工程,并截留和瓜分了部分款额,导致工程质量低下[1]。政治精英借助经济精英和社会精英的支持实现村庄权力的高度稳定,普通农民无法监督乡村精英的行为,也无能力和机会涉足村庄公共事务,与村庄公共利益之间的利益关联越来越弱。

4.4 小结

从内部考察村集体的主体性,在家庭联产承包责任制施行以来,由于农户专业合作的高组织成本与低收益不对称,村集体在经济上长期处于有分无统的组织状态,以农户家庭为单位的生产趋于过度竞争又普遍提质乏力、升级缓慢,这与土地使用权相对平均地分散至各个农户、产权不完整的集体土地使用权制度设计有较大的关联。

农户家庭生产方式的经济合理性受到工商资本的挑战。后者以追求"利润最大化"为存在的理由和本质。以市场为导向的生产牢牢把握了消费者需求波动带来的各种发展机遇,对研发端的技术和专利以及市场端的品牌和服务部分的利润的攫取使得资本能大大增加土地的产出效益。许多尚处于潜在发展阶段,或者具有技术集约、资本集约、投资回收期长等特点的产业项目往往也只有具备一定资金实力和运作能力的企业才能承受。企业家工具性利用其社会关系网络以达到功利化目标,也是我国转型经济环境的一个特征。

处于政绩竞争中的地方政府成为影响村集体主体性的又一种外部力量。由于招商引资能带来地方经济增长的政绩,地方政府展开"让利竞赛"以吸引实力企业落地。不均衡的公共投资倾向,一方面强化了乡村人力资本增长缓慢的状况;另一方面,经济性基础设施项目资源投入的实施过程引发了精英俘获现象,造成了村民集体"失语"的意外结果,不利于村集体凭借内生动力发展第二、第三产业并从中受益。

学者们普遍对集体土地合理流转设置了诸多前提条件,认为在非农产业高度发达地区,当农民收入的主要来源已经是非农产业时,其生存不会受到资本流转土地的影响,从而形成帕累托改进[2]。不过,从本章对村集体主体性衰弱与面临双重挑战的分析来看,这些理想情况与资本下乡的现实逻辑可能存在一定距离。

① 李祖佩,曹晋. 精英俘获与基层治理:基于我国中部某村的实证考察[J]. 探索,2012(5):187-192.
② 刘艳. 农地使用权流转研究[D]. 大连:东北财经大学,2007.

5 资本主导乡村产业发展的利益失衡发生机理

通过前两章可以发现,土地使用权制度变迁的宏观趋势环境以及村集体主体性的衰弱,为善于创造价值的资本下乡提供了机会和理由。本章以资本为视角,从"能力-目标-行动"三个方面解析工商资本主导乡村产业发展与土地利用的过程,把握多元主体利益格局,并概括利益失衡的发生机理。

5.1 联盟能力强化:资本进村与精英联盟

5.1.1 资本面对农民的较高交易费用

1)签约谈判阶段

以农户为单位的土地使用权,令企业在土地集中流转签约谈判时面临比较高的交易费用。

首先,国家的土地承包期延长和土地确权登记颁证政策使土地使用权趋于稳定。1993年中央《关于当前农业和农村经济发展的若干政策措施》提出"在原定的耕地承包期到期之后,再延长30年不变"。2008年十七届三中全会通过的《关于推进农村改革发展若干重大问题的决定》强调土地承包关系应长久不变。2010年和2012年中央一号文件提出加快推进农村集体建设用地与宅基地使用权确权登记颁证。2013年中央一号文件为完成土地承包经营权确权登记颁证工作设定了5年的时间目标。

其次,土地对家庭的财产价值逐渐显现。当前,将承包地短期流转出去的农户可以在进城镇务工的同时获得土地流转收入作为补充,进退有余地。在上海松江区等农用地流转活跃、剩余价值激励的地区,"新中农"①、大户、家庭农场等家庭经营规模为 6.7~10 hm^2,户均年收入逾 10 万元,与务工收入相当,农用地更显现出价值。虽然离农户不再主要依赖农用地生存,但是他们并不会自动地放弃作为社区合法成员已经拥有的土地权利。

宅基地也是同样的情况,以家庭为单位实现宅基地财富价值成为许多农户最关心的问题。大城市近郊、县城和中心集镇等地带房屋出租、转让、出售、抵押等各种形式的宅基地"隐形"交易十分活跃。在深圳,被迫放弃种地的农民改"种"房子,不断翻建增加建筑面积,以低房租吸引外来人口居住,形成了一个以房屋租赁业为核心的封闭经济系统,催生了一批

---

① 贺雪峰. 当下中国亟待培育新中农[J]. 人民论坛,2012(13):60-61.

包租公[①]。农户越觉得能够利用宅基地在紧缺的建设用地市场上获取更高利益,他们对保留宅基地使用权的认知就越深刻,要求就越强烈。深圳众多城中村的例子证明,没有政府强力干预,开发商跟农户的谈判会旷日持久。

2) 运营管理阶段

乡村农用地和宅基地与农户的生计与居住保障牢牢捆绑的制度设计,让企业与农户不完全契约的程度越发加大了。由于人们的有限理性、信息的不完全性,拟定完全契约由于成本太高而不可能实现,因而不完全契约是必然的。各类文献中常常可以看到保留了小农分散劳动的乡村产品与服务质量不可靠、不稳定、不标准以及企业与农户纠纷频发等问题。

典型的场景是旅游企业整体运营管理一个拥有原住农户的景中村。维护自然与人文环境风貌是保持乡村旅游资源价值延续的关键。然而在乡村旅游业取得一定的发展后,因为预判不足、唯利是图、意识淡薄等原因,旅游企业和农户往往不能就乡村风貌资源保护的必要性和举措协商达成一致,反而为接待更多的游客而盲目新建、扩建甚至破坏山体和水系,为节省资金而用现代建筑重建传统民居建筑,用过度喧闹的商业氛围取代了恬静的生活气息,导致乡村长期积淀的景观风貌和旅游地形象变得面目全非。此外,企业也很难对宅基地上的劳动,即农户的经营行为,进行有效控制。很多试图管理农家乐,例如统一定价、统一分配客源、统一洗涤的尝试往往以失败告终[②]。对农户来说,管理目标的预期收益太小;而对企业来说,需要额外付出充足的利益激励才有可能有效管理农户。

分散的土地使用权所导致的巨大交易成本,成为资本下乡逐利过程中最大的障碍。

5.1.2 地方范围的精英联盟

1) 对乡村权威的吸纳

乡村权威包括非正式权威,和正式权威。在资本下乡的社会学研究中,乡村混混这类非正式权威是被资本所重视和吸纳的一种资源。他们从打架斗殴转入到经济活动中,具有广泛的人脉,其分布于不同乡村的团体成员构成了一定的势力范围。资本与之结盟后,他们行走在资本的后台,为资本保驾护航。他们也可能根据对不同乡村村干部的了解,为资本投资项目的选址提供参考。

正式权威村干部是国家在最基层的代理人,是资本下乡不可或缺的一环。由村干部对农户进行动员并与之谈判,农户通常会给村干部面子。当企业流转土地的需求是通过地方政府文件传达时,村干部更要对农户展开动员和说服。在签土地流转合同时,村集体先与农户签再与地方政府签,地方政府则与企业签,从而大大减少企业与分散农户签约的交易成本和失败风险。不过这种情况下,村干部对资本也可能是一把"双刃剑",例如一些乡村在发展

---

① 章光日,顾朝林. 快速城市化进程中的被动城市化问题研究[J]. 城市规划,2006,30(5):48-54.
② 欧阳文婷,吴必虎. 旅游发展对乡村社会空间生产的影响:基于开发商主导模式与村集体主导模式的对比研究[J]. 社会科学家,2017(4):96-102.

的历史过程中,村干部通过利益交换拉拢部分农民形成既得利益集团,与反对派、观望派等不同派系长期围绕选举、土地等事务展开派性斗争①,当资本与其中一方发生关联时,必然要面临另一方的阻挠。

乡村权威对资本下乡的助力不仅仅体现在土地流转环节,还体现在生产经营环节。土地流转租金通常统一发放到村干部手中,再交付给农民。乡村权威通常也负责召集本地农民作为长期合同工和短期临时工,并对其生产劳作进行监督管理。企业的建设工程项目也会委托从事相关职业的乡村精英来完成。当与农民发生矛盾时,乡村精英更容易站在企业的一侧,采取大事化小、小事化了的策略。

2)与地方政府的相互依赖

我国采取中央集权和地方分权相互结合的"M 型结构"②组织模式,地方行政事务属地管理原则之下,对包括乡村土地政策在内的资源的运用具有灵活性。自然生态资源、传统古村落土地历史文化资源,需要依赖政府权力对资源配置的主导性;旅游企业希望获得政策的允许并通过便捷的程序来取得这些特殊资源的经营权和使用权。地方政府在税收、水电收费等方面的优惠政策也能给经营休闲农业、旅游业的企业以支持。因此对于工商资本来说,地方政府是企业必须借助的对象,尤其是地方领导干部的重视,是企业发展的关键要素。

当政府具有强烈的显性政绩导向时,其青睐资金、知识、技术方面具有较强实力的企业,企业特别是企业家成为地方政府依赖的治理伙伴。以开发婺源县篁岭村落景区的民营企业家吴向阳先生为例,他在进入篁岭村以前,已经在婺源县成功开发了当地第一个民营景区鸳鸯湖、国家 AAAA 级旅游景区卧龙谷等旅游项目;2007 年,婺源县政府主导的江西婺源旅游股份有限公司开始整合县域内主要景区,他将旗下近亿元旅游资产全部转让③。还有陈向宏,乌镇旅游股份有限公司总裁、乌镇景区总规划师,被陈丹青描绘为"贼聪明的能吏、善周旋的官员、会营利的老总、有理想的士子,所在多多,集一身者",率领其规划与开发团队在一些乡村地区复制乌镇商业模式。靠着自身过硬的能力,企业获得了以领导干部为核心的地方政府的认可和支持,对功利化目标的达成具有相当大的作用。

地方政府和工商资本二者之间有资源互补的基础,总体目标一致,走联盟的道路便于联盟内部资源整合,有望实现互惠互利、相辅相成的目的,如改善地方基础设施、扩大影响力和知名度、提升市场竞争力等。

新制度经济学家根据推动力量来源的不同,区分出诱致性变迁和强制性变迁两种组织制度变迁方式。前者主要由组织内部的成员推动,是一种自下而上的自我发展;后者是被外

① 冯川. "联村制度"与利益密集型村庄的乡镇治理:以浙东 S 镇 M 村的实践为例[J]. 公共管理学报,2016,13(2):38-48.

② 曹正汉. 中国上下分治的治理体制及其稳定机制[J]. 社会学研究,2011,25(1):1-40.

③ 人民网. 江西婺源篁岭村的乡村旅游扶贫富民实践[EB/OL]. (2017-02-25)[2020-02-10]. http://jx.people.com.cn/GB/n2/2017/0225/c186330-29768157.html.

部力量强迫,是一种自上而下的组织改变①。资本作为一种外部力量进入乡村,小则吸纳以村干部为核心的乡村权威力量,大则影响自地方领导干部向下的整个地方科层制体系,以便于对乡村土地和劳动力进行重新整合,是典型的强制性组织变迁过程。它以"资本"的民主(以资本为根本)取代了"人本"的民主(以村集体成员为根本)②。乡村非正式权威——乡村混混的存在,则给这场强制性组织制度变迁增添了暴力的色彩。

5.1.3　精英联盟下的权力运行

1) 乡村权威的权力扩张

集体土地产权的所有权人是集体。村委会作为集体组织的代表者,对外行使实际权力。在缺乏村民监督和政府管理的情况下,容易造成村委会行为越位,扮演"第二国土局"③角色,将集体土地视为私人财产,擅自与外来企业签订集体土地流转协议,甚至在过程中通过索取、收受贿赂等手段非法谋取个人利益。这种情况在经济较发达地区和城镇周边最为突出。

【案例】

中山一村委会干的"好事":743.4万元卖地,1900万元赎回④

五桂山办事处桂南村委会在未依法办理土地使用权证书、未经村民会议讨论决定,以及未进行资产评估等情况下,经村"两委"会议集体讨论决定,分别于2005年3月12日、2008年10月20日将位于桂南村旗溪小组土名为"彭其环""桔仔园"共计106.2亩(1亩≈666.67 m²)农用地使用权以743.4万元的价格出让给香港商人邱某伟。2014年11月17日,又以1900万元的价格赎回上述土地使用权,直接导致村集体经济损失约1 156.6万元的严重后果。

2017年,桂南村党支部原书记、副书记、委员以及村委会原主任、副主任等8人,分别受到撤销党内职务直至开除党籍的纪律处分,4人被罢免村委会委员职务。中山市第一人民法院经依法审理,以非法转让土地使用权罪判处被告单位中山市五桂山桂南村股份合作经济联合社罚金40万元;判处被告人潘开明(桂南村党支部原书记)有期徒刑3年,缓刑3年,并处罚金20万元。

村委会常常是以租代征中的重要参与者。以租代征是地方政府为了规避征地过程中的农用地转用审批手续,采取"租赁"的形式将集体土地转变为建设用地,从而逃避国家对土地资源的保护与控制。村委会作为中介组织,发挥其组织、宣传等作用,使村户更愿意出租自己的土地,促成地方政府向村民个人租地的行为。

村委会也存在私自改变农用地用途的行为,甚至得到村民的一致同意与赞许。以农业开发为幌子流转土地,实际却将农用地进行非农业建设甚至建造别墅大院,破坏了农用地资源。这在土地违法中占比不小。

① 冯道杰. 改革开放以来集体化与分散型村庄发展比较研究[D]. 济南:山东大学,2016.
② 徐旭初,吴彬. 异化抑或创新?:对中国农民合作社特殊性的理论思考[J]. 中国农村经济,2017(12):2-17.
③ 赵学强. 基层政府侵犯农民土地权益及治理研究[D]. 天津:南开大学,2014.
④ 彭启有. 中山一村委会干的"好事":743.4万元卖地,1900万元赎回[EB/OL]. (2018-12-27)[2019-11-02]. http://news.ycwb.com/2018-12/27/content_30163022.htm.

2）地方政府策略性行政

地方政府视项目的重要性而调整其行政行为。在县域范围内,地方政府以经济、社会发展的各项指标作为其政绩,以企业为代表的利益团体在经济发展上的贡献远大于其他人,对土地用途的诉求更容易在规划决策中体现。例如,建设福建仙游和漳平(永福)的台湾农民创业园项目[①],其总体规划编制以企业需求为优先,涵盖了教育培训、管理办公、酒店餐饮等多种功能,但都没有涉及园区土地详细利用规划,反映出地方政府急切期盼台湾地区企业前来投资发展现代农业。

土地征收也存在类似的情况。虽然法律和国家政策严格保护耕地,但当下乡企业对建设用地提出需求时,地方政府出于现实经济利益的考虑,借助在土地利用规划编制和农田确认方面的相关权力,调整规划中的农田类别与性质,以求通过省政府的征地审批,进而实施征收。

国家鼓励发展乡村旅游,但由于我国法律没有对乡村旅游用地使用权如何取得、细化用途分类做出明确规定,给地方政府以行政法规或行政行为代替法律公信力进行操作提供了机会[②]。《土地管理法》第四条在建设用地中涵盖了旅游用地,国家标准《土地利用现状分类》(GB/T 21010—2017)在特殊用地之下设置了风景名胜设施用地。2015年印发的《关于支持旅游业发展用地政策的意见》,提出对旅游项目的用地按照建设用地、农用地、未利用地三类管理。但在现实中,资本参与开发的乡村旅游产业用地超出了风景区的范畴,也不仅限于建设用地,已经分化出包括住宿、餐饮、商贸、娱乐文体、养生度假、旅游房产等多种土地用途,经济价值跨度很大。

在高额的项目投资影响下,地方政府各部门被充分动员。例如由中青旅投资的古北水镇项目,由于投资额度高、规模大,项目从一开始就得到了政府的大力支持,成为北京市"十二五"规划的重点旅游建设项目,除立项和建设用地手续外,密云区被赋予了市级行政审批权限(表5-1),为相关企业提供了集中审批的特殊流程。项目的征地、拿地、水电、供暖、交通建设等环节的行政审批进程均将时间压缩在行政许可的最短时限内[③]。即便如此,项目建设还是不断突破原有规划,连续两次要求大幅度调整规划,以提高住宅建设用地容积率和建设总量,均得到了相关规划局的批准[④]。

表5-1   古北水镇行政审批过程一览表

时间	支持形式	支持内容
2010年5月	行政审批权限下放	市委书记主持市委专题会议,明确古北水镇项目组织由密云区牵头具体负责,凡涉及的行政审批事项,除立项、建设用地外,一律下放至密云区政府统筹研究、依法依规办理,市级政府有关部门积极指导协调
2011年2月	规划审批权限下放	密云区政府批复古北水镇总体规划和控制性详细规划

① 池敏青,周琼. 台湾农民创业园总体规划分析及探讨:以仙游和漳平为例[J]. 台湾农业探索,2011,(2):9-13.
② 任耘. 乡村振兴战略下乡村旅游用地法律问题探究[J]. 西南交通大学学报(社会科学版),2018,19(6):121-127.
③ 周红. 说说古北水镇特色小镇融资案例[J]. 国际融资,2017(9):58-61.
④ 邹艳丽,尹路. 特色小镇规划设计与建设运营研究[J]. 小城镇建设,2018(5):5-11.

时间	支持形式	支持内容
2011 年 1 月	土地审批权限下放	市规委会同意由密云规划分局负责办理古北水镇项目土地一级开发相关的审批工作
2011 年 3 月		密云规划分局核发古北水镇土地储备前期整理规划条件
2011 年 6 月		市规委会同意由密云规划分局办理古北水镇项目土地储备供应规划条件的审批工作

资料来源:邹艳丽,尹路. 特色小镇规划设计与建设运营研究[J]. 小城镇建设,2018(5):5-11.

美国政治经济学家詹姆斯·布坎南和戈登·塔洛克通过对公共决策的外部效应和决策成本进行分析,发现:若一项公共政策的决策主体多,意见较难统一,决策成本增多,而正的外部效应会增强;反之,决策主体少,利益诉求分歧少,决策成本减少,但负外部效应会增强;由此可见,人们愿意支付因决策主体增加而产生的额外成本[①]。以资本项目为优先的策略性行政行为,本质上是由企业家、地方领导干部等少数决策主体驱动的,虽然富有效率,但其负外部性不可忽视。

5.2　土地利用谋划:规模占地与价值链优化

5.2.1　大规模流转土地的需求

2001 年《中共中央关于做好农户承包地使用权流转工作的通知》提出,不提倡工商企业长时间、大规模流转土地。在 2013 年中央一号文件面世后,农业部农村经济体制与经营管理司负责人就工商企业投资开发农业这一热点问题进行权威解读时明确指出,国家不支持工商企业与农民争地[②]。但何谓长时间、大面积,并没有明确规定。本书分析认为,产业开发项目经营的需要,融资的需要,共同引发了工商企业长时间、大规模圈占集体土地的行为。

1) 企业经营的需要

企业流转土地经营权的合约期限往往比较长,这与收益激励有很大的关系。农户之间私下的土地流转常常没有明确的流转年限,即使约定租期也以短期为主,导致转入土地的农户对土地的投资达不到最大,即短期土地经营合同是低效、不合经济理性的。与较长的经营权期限相关的收益权,激励了土地经营者对土地进行投资,比如增加水利灌溉设施[③]。为了确保取得土地投资收益,企业会与农户签 2 份土地流转合同,一次性将流转年限延长到 50 年甚至 70 年。

企业在本质上是追求自身利益最大化的"经济人"。在乡村旅游项目开发中,一种趋势

---

① 张彪. 县域城镇体系规划政策研究[D]. 合肥:安徽大学,2012.

② 农业部农村经济体制与经营管理司负责人解读中央一号文件[J]. 蔬菜,2013(3):3-6.

③ 许建明,王燕武,李文溥. 农业企业对农民收入的增益效应:来自于福建漳浦农业企业集群的"自然实验"[J]. 中国乡村研究,2015(1):179-197.

是多元化资产运营。因为景区依托于乡村集体土地上的自然和人文旅游吸引物,关联酒店住宿、餐饮零售等消费空间,消费者越来越趋于综合化和多元化的消费需求,使得土地多功能开发成为必要——毕竟,无法满足消费者需求的产品不具备市场竞争力。为了使自身利益最大化,从最初的旅游景区发展出融旅游、休闲、度假、居住等多功能于一体的地产项目,包括景观地产、主题街区、分时度假、产权酒店、田园综合体、特色小镇等形式,不仅丰富了旅游吸引物的内容,满足了消费者的多种需求,而且通过不同产业项目配套运营,提升了资金、管理综合效益①。

土地储备的数量和质量在很大程度上决定了多元化旅游开发企业的发展前景,开发商通过维系与地方政府的利益关系,以获得土地这种战略资源。以流转几个自然村的集体建设用地以及周边大量林地而开发的古北水镇项目来说,整体投资45亿元,投资回收期为八至十年。为了在短期内实现资金的平衡,投资方与地产开发商龙湖地产合作,向市场推出了区域内的房地产项目——长城源著;高尔夫球场、别墅地产、度假公寓等也被纳入项目远期规划,将为企业创造更多利润②。

2)有利于融资

乡村集体土地在现行土地制度下所失去的资产性,资本可以依靠地方政府权力的介入而获得。根据廖斌等③对篁岭民俗村落景区开发项目银行融资过程的叙述,2009年,在当地人民银行的推动下,婺源县乡村文化发展有限公司以抵押贷款的形式从婺源县农联社(现已改制为婺源县农商银行)获得了1.7亿元贷款;以"固定资产(风景区)支持农资"的形式获得工商银行婺源县支行最高达1.8亿元的贷款余额。值得注意的是,这些总值高达3.5亿元贷款的取得时间早于移民搬迁安置房建设,更早于企业通过"招拍挂"获得古村落建设用地使用权,如果缺少婺源县政府的全力支持,很难想象这一切能够那么顺利地"水到渠成"(相比之下,婺源县农商银行对农户的金融支持要少得多——连同景区外来商户在内,村落范围内小额贷款发放量为52户总额242万元,该村共有68户农民)。

市场化融资也需要资本对所"圈"土地具有独立的投资权和收益权。一些景区将门票证券化,推动建立相应的基金;或者通过公司上市等方法,获得银行以外的融资渠道④。一些金融资本则主动瞄准了乡村旅游项目。2018年,篁岭景区二期项目成功获得中青旅与IDG和红杉资本共同发起设立的中青旅红奇基金A轮9亿元融资,景区长期经营发展得到了巨额资金保障。古北水镇旅游有限公司从最初注册资本2.1亿元,通过多次增资扩股和抵押贷款,项目建设资金达到30亿元②。持续的融资给了此类景区多元经营、持续开发的底气,是村集体主导旅游开发所无法企及的。

---

① 刘雪婷. 中国旅游产业融合发展机制理论及其应用研究[D]. 成都:西南财经大学,2011.
② 周红. 说说古北水镇特色小镇融资案例[J]. 国际融资,2017(9):58-61.
③ 廖斌,谢文君,马腾跃,等. 篁岭青山变"金山":乡村旅游扶贫的江西金融实践[J]. 中国金融家,2018(12):123-124.
④ 张兆娟. 我国文化旅游地产开发运营模式研究[D]. 南京:南京艺术学院,2015.

5.2.2 资本"隐身"集体土地流转

与城市化进程中的征地一样,资本流转集体土地是以自上而下的方式推进的,在资本与地方政府招商引资部门达成落地意向后,农户就会接到流转农地、整村搬迁等通知,基层部门和乡村权威是主要执行者,既定方案很难得到改变①。

1) 农用地:乡村权威实施反租倒包

反租倒包是指村两委向农户支付一定的租金反租农户的承包地,重新发包给从事农业的公司企业。"反租"本质上是土地承包经营权的转包(出租),只不过受让方是集体组织,"倒包"的实质是土地的转租。企业借助村两委增强了农户对于流转土地收益未来预期的信任,顺利达到大型项目整合土地资源的目的。

国家鼓励土地规模经营给了乡村权威实施反租倒包的动力和"借口"。根据冯小的田野研究描述,书记在召开村民大会进行土地流转动员时没有运用市场信任机制来介绍企业家经历、资产及经营能力,而是利用农民对中央的政治信任,辩解开展规模经营是为了落实中央政策②。村干部们花费极大的时间和精力,延续村庄生活人情、脸面的传统与农民谈判流转土地,替企业降低土地流转租金、消解交易成本。

乡村权威在转包和转租两个环节中都起着主导性的作用,容易引发权力扩张。此外,当不存在一个乡村土地市场、也无法确定土地会被如何利用的情况下,土地价值很容易被低估。

2) 建设用地:地方政府推动整体搬迁

空心村的大量存在,以及缺少公共资金投入乡村基础设施建设,给工商资本很大的谈判资本让地方政府将自己选中的旅游开发地范围内的农民整体搬迁。

篁岭村隶属江西省上饶市婺源县,地处赣、皖、浙三省交界处,始建于明代中叶,距今已有500多年历史,为曹姓宗族聚居地,该村建筑具有徽派传统民居建筑风格。作为典型的山区村落,民居建筑在百米落差的山坡上呈阶梯状错落分布,形成扇形的聚落形态。村内道路、水电等基础设施建设落后,影响村民生产生活。不过篁岭村依然受到了许多摄影师和旅游者的喜爱,也成为有眼光的企业的投资目标。

婺源县乡村文化发展有限公司在地方政府支持下实施产权置换,按照时间顺序可以分为"安置房建设、搬迁、景区规划、拍地"四步行动。2009年,镇政府与婺源县规划勘测设计院共同编制了《江湾镇栗木坑村委会篁岭村整体搬迁安置规划》,规划出用于安置房建设的集体建设用地1.7万m²。企业投入1200万元安排施工单位设计建造了农房68幢、公寓2幢24套及道路水电等基础设施。随后在村委会协助下,企业与篁岭村村民陆续达成了协议。村民将山上旧房折价后,补一两万元的差价获得了山下新宅。企业还流转了村庄周边

① 许建明,王燕武,李文溥. 农业企业对农民收入的增益效应:来自于福建漳浦农业企业集群的"自然实验"[J]. 中国乡村研究,2015(1):179-197.
② 冯小. 资本下乡的策略选择与资源动用:基于湖北省S镇土地流转的个案分析[J]. 南京农业大学学报(社会科学版),2014,14(1):36-42.

上千亩梯田、山林。每年,企业给予村民每人约 500 元资源使用费,支付村民等价于每亩 400 斤大米的梯田流转收益,向每户提供一个景区就业岗位。"我们与农户是合作关系,并非雇佣关系"[①],在这个过程中,企业努力为自己塑造旅游扶贫、助农的形象。2010 年,企业邀请专家编制《婺源篁岭民俗文化村发展规划》[②],并在 2013 年通过"招拍挂"获得了原篁岭村 3.3 万 m² 建设用地的使用权。

5.2.3　谋求产业价值链优化

1) 企业与村集体空间分隔独立

资本下乡大规模流转集体土地后,将乡村割裂为资本空间(园区、景区)和村集体空间两个部分,于是前者的规划、建设、管理、运营基本不受后者的意见和行为所影响。

福建漳浦县的"台湾农民创业园"通过地方政府大规模土地征用形成,利用围墙将其与外面当地农户相分隔,使之成为一座孤岛。农业经营所需的水利、道路设施由内部企业共享,当地农户没有机会"搭便车"[③]。上海多利农业发展有限公司在上海浦东新区获得 3000 亩土地、投资 2.5 亿元进行有机蔬菜生产,受到市、区两级地方政府的重点支持。周边的河流自然地将农园地块与周边村庄隔离开来(图 5-1),农庄东侧主入口紧邻川南奉公路,无须穿越其他任何集体土地。

在资本主导的村落旅游开发中,古村在使用权转移的同时,用地性质也变成了旅游建设用地,而拆村并居安置的新村依然是村民住宅建设用地,二者空间布局分离,边界清晰。以篁岭景区为例,古村位于景区核心位置,被山林和梯田包围,景区停车场、索道站、盘山路入口与文明路无阻隔连接,集中安置村民的新村在文明路北侧(图 5-2)。

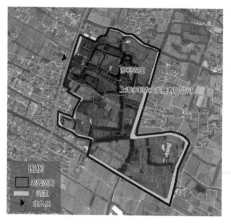

图 5-1　农园与村庄隔离

资料来源:作者自绘

图 5-2　景区与村庄分离

资料来源:作者自绘

①　裴路霞. 篁岭开发是古村生命的延续[N]. 中国旅游报,2015-07-08(16).

②　黎卉敏,万田户. 篁岭景区营销策略研究[J]. 现代营销(下旬刊),2018(2):60.

③　许建明,王燕武,李文溥. 农业企业对农民收入的增益效应:来自于福建漳浦农业企业集群的"自然实验"[J]. 中国乡村研究,2015(1):179-197.

2）生产制造业价值链纵向延伸

随着消费者对实物产品品质要求的提高,生产工艺流程和产品原料越来越影响消费选择。这一转变意味着原来以商品流通为中心的企业,又要从消费者需求出发重构价值链[①]。所以许多农产品流通企业瞄准上游,流转农用地,控制土壤、种子、肥料等,以期获得挑剔客户的信赖,如一些大型连锁超市销售的农产品有部分来自自有农场,售价也会高一些,企业也可能会将部分生产环节向重要客户开放。更有实力的企业则进一步整合下游销售流通环节,细分目标客户群实施精准营销,提高物流效率以期产品更快抵达消费者手中。

以有机蔬菜为特色的多利农庄,千亩历经无害化有机转换的农用地是其核心资源,参观功能仅是其附加功能,主要向公司客户和会员开放,体验种菜过程,采摘有机蔬果,提升品牌价值。农庄还提供冷链宅配服务,"从田间到餐桌"是典型的价值链纵向一体化整合方式。

3）旅游业价值链的横向拓展

旅游业将观光旅游定义为旅游地的短暂停留,观赏自然风景、人文古迹和风土人情景点,城市郊区的观光旅游安排往往为当天往返的一日游[②]。当人们不再满足于走马观花参观景点式的游览,更注重休憩和纾解压力,促进家庭亲子关系,就需要休闲度假这种较高层次的旅游,为人们提供改变生活节奏和放松的机会。这就需要接近森林、湖泊等自然环境,具备泛舟、登山等运动环境,也需要更长的停留住宿时间,更具有区分度的住宿环境。另外,公司团队客户的休闲活动与商务工作一并进行,为了满足这部分客户的需求,乡村旅游度假村中设有会议中心,具备承接大小会议和展览的功能。这些有一定重叠性的业务以"特色小镇""田园综合体"等形式共同进行营销。这样,旅游度假区就完成了价值链的拓展和战略资源的获取,具有了独特的市场竞争优势。

古北水镇以一线城市中具有短期度假需求的消费者为对象,将小镇营造为观光休闲度假区。规划有老营区、民国街区等"六区"和后川禅谷、伊甸谷、云峰翠谷"三谷"[③]。住宿分为三档,高端为精品酒店,中端为主题客栈和公寓,以及普通农家院。在门票所提供的观光项目之外,不断衍生出二次消费娱乐活动,如温泉养生、夜游长城,甚至包含热气球等稀缺项目,为古北水镇创造附加值和盈利点。

5.3 资本空间运营:从物到人的全面主导

5.3.1 物质空间营造

1）功能设施

资本介入前,许多乡村都面临因地方政府财政紧张而基础设施建设滞后的窘境。例如以篁岭村为代表的山地村落,是地方政府的心病。1993年和2002年,地方政府曾两次动员

---

① 刘雪婷. 中国旅游产业融合发展机制理论及其应用研究[D]. 重庆:西南财经大学,2011.

② 董晓菲. 休闲农业地产项目产品策划研究[D]. 北京:北京交通大学,2017.

③ 张定春. 古北水镇是如何操盘的[J]. 中国房地产,2016(35):41-43.

全村搬迁,但安置资金缺口大,只有小部分经济相对宽裕的村民搬到山下,山上仍有 90 多户居住。流转得到所需的土地房屋后,资本必须对道路、水电、互联网等基础设施进行完善,以支持各种经营性功能的顺利运行。

受到收益的激励,也由于土地产权的完整和独立,企业对基础设施的投入可谓不遗余力。古北水镇建设以前,司马台村各自然村落基础配套设施较薄弱,只进行了路面拓宽与硬化,没有自来水厂、污水处理厂和供暖设施等。根据对目标消费群体的定位,旅游开发企业决定投资 12 亿元,以高标准进行建设,包括水质达到欧盟标准的自来水厂、使用生物质环保燃料的集中供暖中心。景区 3 公里主地下综合管廊高 2.2 m、宽 2 m,容纳了供暖、弱电、用水等全部管线①。

在空间功能及流线组织上,企业也根据自身经营能力,进行内容的拓展丰富和彼此衔接。以多利农庄大团基地为例(图 5-3),在有机蔬菜种植的基础上,增加了多个旅游项目,形成了两个明显的功能区。位于农园西偏北的是综合观光体验区,在草坪和树木的基底上点缀了集装箱管理接待中心、有机展示中心、小木屋餐饮会所、红房子市集、农科示范公社、植物迷宫等 15 个节点,提供了从有机农产品科普到交流互动,从观光游玩到餐饮住宿等多种服务。在东部和南部的是农园的有机种植区,密集排布的大棚和玻璃温室体现了设施农业的生产方式。出于对核心的土壤和种苗资源的重视和保护,安排了少量采摘游乐节点,最小化游客的介入影响。在流线的组织上,合理安排自然与人工节点的密度与序列,控制科普与商业内容的比例,以及团体参与和自由活动交错进行,使得农业企业在旅游项目的运营上能够适度营利,避免过度商业化。

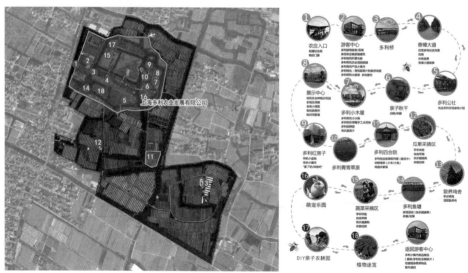

图 5-3　农园功能分区

资料来源:http://www.tonysfarm.com/site/farm,作者改绘

① 赵方忠. 古北水镇长成记[J]. 投资北京,2015(5):60-62.

2) 景观风貌

景观风貌在有些情况下是企业生产设施的客观反映。在设施农业企业中,全玻璃结构温室的通透外表和内部管网系统给人以工业文明的强烈印象,玻璃、钢材等现代建筑材料成为企业景观风貌的重要构成部分。多利农庄的集装箱管理接待中心由 78 个集装箱和既有仓库厂房新旧合一构成,整体有两层的高度,局部悬挑和穿插的建筑空间配合农庄广袤的场地在大地方向上舒展,成为体现企业与有机蔬菜种植一脉相承的节能环保理念的象征。

景观风貌也来自文化对企业的影响。这在资本主导的村落旅游开发中达到了极致。以篁岭景区为例,古村落风貌工程总投资 3 亿元,投资强度高达每平方米建设用地 1 万元①。117 栋民居中有 80% 得到了维修,采取隐藏式加固施工加强木结构建筑的结构强度、提高抗震抗风能力②;部分砖结构房屋被拆除。保留的宗族建筑包括:曹氏宗祠,保留有上蔡世家的牌匾,纵向三进院落,包括树和堂(占地面积 150 m²,临川知县曹鸣远居所)、五桂堂(占地面积 200 m²,商人曹永护居所)、培德堂(占地面积 140 m²,进士曹鸣远的族兄居所);众屋,为宗族开会议事之用,是三进三层结构③。为了进一步营造村落景区的历史感,企业还将婺源县内其他村镇的 30 多栋明清古建筑整体搬迁到篁岭村用于经营。

在自然景观方面,篁岭景区从日本、韩国、加拿大等地进口了不同品种的百年红枫树移栽到景区各规划点处,进一步激活"晒秋"的视觉意象。秋季层林尽染将给游客带来一场视觉盛宴,晒秋人家赏红枫的视觉意象将通过摄影师和游客的远拍、近赏不断传播。可以说,篁岭景区由企业独占使用权,确实做到了村落免受村民分散产权下的风貌受损风险,在巨额投资下,村落的物质景观成为"奢侈品"。

5.3.2　对人的导控

1) 空间体验

企业对功能设施的精心配置以及对景观风貌的极致追求,为消费者创造出一个固定的、有明确画面感的场景,使得消费者(不论其阶层与背景)都能够稳定获得同样的空间感知与体验,并在过程中形成产品与场景间的强关联。

在篁岭景区内,新建的二十四节气文化长廊、牌坊、古戏台、竹山书院与宗祠和众屋构成完整的文化景观节点序列。300 m 长的"天街",两旁民居底层酒肆、茶室、书场、砚庄、篾铺、油坊等商铺林立,再现了徽州传统街市场景,聘请的一批老工匠向游客展示油纸伞的造伞工艺、徽州三雕的古法雕刻技术④。精品民宿被安排在商业街范围外的独立建筑中,由景区酒店部门统一管理运营。每一家商铺门前的木刻牌匾、店牌,统一装修管理的商铺、民宿,既是提供给消费者的必需品,又是用来营造、烘托景区特殊文化氛围的"装饰品"。

① "晒"出乡村新景致:江西省婺源县篁岭农村产业融合发展案例[J]. 中国经贸导刊,2016(34):27-28.

② 俞烨钢,费亚英. 婺源篁岭民宿式酒店改造设计项目研究及应用[J]. 美与时代(城市版),2018(3):46-47.

③ 王强,张育芬,龙肖毅,等. 基于景观基因信息链的传统聚落旅游体验开发模式:以婺源"篁岭"古村为例[J]. 江西科技师范大学学报,2019(3):71-80.

④ 裴路霞. 篁岭开发是古村生命的延续[N]. 中国旅游报,2015-07-08(16).

陈行①描述了作为游客的典型空间感知过程:"进入到村口时,容易被保护下来的古樟树和放置于村口广场上象征丰收寓意的景观小品所吸引,初步感知篁岭村的村落习俗;经过民俗文化展览馆里的陈列式历史元素序列之后,到达酒店接待中心,可以选择体验以传统民居作为载体的篁岭村民宿;接待中心外是篁岭村集中的商业区——天街,游客在这里通过品尝酿米酒、麻糍,欣赏工艺匠人编晒篁、扎花灯,感知篁岭村的生活风俗,当游客穿行于天街上层和下层的乡村巷道时,与城市街道之间的尺度对比增进了游客的直觉感知;走出天街后即达农耕文化展示区,梯田可让游客享受乡村的自然与清新。"

满足消费者对新奇体验的追求,是许多资本投资景区在"原真性"文化体验之外并行不悖的重要目标。古北水镇的开发者——中青旅在江南打造的乌镇项目依托于原有的水网格局,与其他古村落景点在地域文脉上紧紧相连。而古北水镇最令人印象深刻之处,就在于在山峦重叠、地表水资源稀缺的北京郊区再造了一个水乡乌镇。设计师利用堤坝等设施,将原本一条流域不大、流量很小的小溪,打造为贯穿整个小镇的水系②,"水"镇得以名副其实,也成就了广告宣传词中的"京郊罕见的山水城结合的自然古村落"。在二次消费上,景区企业复合经营受消费者欢迎的娱乐体验项目包括索道、游船、温泉、演艺等多种业态,取得了突破"门票经济"的成功③。

2) 空间营销

资本投资的乡村产业空间依靠专业团队的运作,在市场营销方面不遗余力:既能吸引消费者,又能引起各级官员们的注意。

以篁岭古村落景区为例,山居条件下,篁岭村民在窗台前支篾匾晾晒农货,朝晒暮收,春晒茶叶、夏晒山珍、秋晒果蔬、冬晒熏腊。景区开发伊始就抓住这一最大亮点,把"晒秋"作为篁岭景区的品牌主题来打造,家家户户晒满了玉米、辣椒、稻谷和皇菊等色彩鲜艳的农作物,极富视觉感染力。通过摄影爱好者以及游客的传播,这一场景意象不断得到强化。

"篁岭晒秋"旅游符号借助电视媒体在地区、国家的空间尺度上传播,如江西电视台播出了《酬心篁岭》、中央电视台播出了《彩色篁岭》④。企业特别注重利用新媒体对"篁岭晒秋"符号进行营销宣传。景区还利用大事件进行旅游符号传播,成功打造了"成龙古建捐赠"、"晒国旗"、"抗战七十周年"等营销事件⑤,努力提升景区影响力。

一些企业则通过和影视节目制作的融合,实现了扩大知名度的宣传效果。企业尤其愿意与名人参加的真人秀节目合作,以吸引他们巨大的粉丝群在节目播出后前来游览。参与影视制作对提高旅游设施的利用率也有很大帮助。在旅游旺季时,景区专注于接待游客;而在旅游淡季时,景区可以作为影视拍摄基地以增加收益。

---

① 陈行,程露,车震宇. 非宜居特色村落历史资源保护利用浅析:以婺源县篁岭村为例[J]. 小城镇建设,2018(5):113－119.

② 周红. 说说古北水镇特色小镇融资案例[J]. 国际融资,2017(9):58－61.

③ 张定春. 古北水镇是如何操盘的[J]. 中国房地产,2016(35):41－43.

④ 郑艳萍. 符号化运作在传统村落旅游开发中的运用:以婺源"篁岭晒秋"为例[J]. 老区建设,2017(4):68－71.

⑤ 黎卉敏,万田户. 篁岭景区营销策略研究[J]. 现代营销(下旬刊),2018(2):60.

3）员工管理

资本在乡村投资开发产业,对土地上的劳动进行严格的管理,以保证产品与服务的质量。

企业的经济效益的最优替代了乡村家庭的经济兼社会效益的最优。并不是所有的村民都能进入企业工作。旅游服务企业对年龄的限制要比农业企业严格得多,因此不可避免地放弃本地中老年劳动力,在更大范围内招募适龄员工。而中老年人如果在自家开办的农家乐里,可以替青壮年的家庭成员分担一些工作,如洗刷、保洁等,这样就省去了雇工的支出。资本大规模流转土地的景区开发,将这种家庭内部劳动安排打散,实施了更加专业化的劳动分工。留守乡村、以家庭为单位的劳动被进一步拆解为个体劳动者。

由于土地与空间有限,旅游开发企业需要把其掌控的每个功能空间的效益都发挥到最佳状态。像常规村落旅游区那样农户一窝蜂地开办农家乐的情况绝不会发生在资本投资的景区里。一方面,企业作为功能空间的所有者可以控制店铺的供应量,使店铺租金在供小于求的情况下达到最高;另一方面,正是由于供小于求,企业可以对承租者的劳动提出更多的要求,例如承租者的经营意愿、内容必须与景区的经营规划相符,必须接受景区实施的日常考核、检查及惩罚规定等,才有可能拿到店铺的租约。这样,作为一个整体,景区既能够用有限的空间满足消费者多样的要求,又能以集中管控的商业空间品质提升对其他景区的竞争优势。

5.4　失衡利益格局

5.4.1　村民的显性与隐性损失

在资本下乡过程中,村民在土地流转与产业发展收益分配过程中处于边缘地位,同时也成为乡村转型过程中的落后群体。他们既无法跟随由资本下乡启动的快速产业发展进程,又不得不面对由此带来的一系列变化。资本下乡带给村民的是长期、多重的显性与隐性损失。

1）小农家庭生产被破坏

受到年龄、人力资本约束,依然有很大一部分村民需要以家庭承包地(以及从别人那里短期低价流转来的土地)作为主要经济来源。从事果树、经济林种植的村民,往往已经对土地进行了先期投资,流转土地是非常不划算的[①](表 5-2)。此外,农业已经分工化了,像耕地、收割、采摘等工作都可以请拖拉机、收割机和帮工来完成,农药则避免了除草的体力耗费,农业劳动强度降低,也延长了农业劳动力的年龄,对老年农民来说,大大提高了其生产生活的满足感。带有强制意味的土地流转,破坏了这部分村民与土地的关系。下乡的工商资本并

---

① 罗强强,陈婷婷. 土地流转、资源动员与农民分化:基于宁夏红寺堡区 B 村的研究[J]. 湖北民族学院学报(哲学社会科学版),2019,37(4):124-130.

不能完全雇佣他们,需要通过选拔与认可,他们也未必能在城镇劳动力市场上获得自己的一席之地。

表5-2　某户种养殖收入与土地流转收入对比

项目	数量	单价	总量	成本	利润
枸杞	300斤/亩	25元/斤	5亩	12 740元	24 760元
滩羊	40斤/只	50元/斤	10亩	3000元	17 000元
合计					41 760元
流转费		300元/亩	5亩		1500元

资料来源:罗强强,陈婷婷. 土地流转、资源动员与农民分化:基于宁夏红寺堡区B村的研究[J]. 湖北民族学院学报(哲学社会科学版),2019,37(4):124-130.

在资本下乡前,每家每户独门独院的宅基地,使得家庭工业、农家乐成为一种小农家庭生计方式,即使有的家庭先发展、有的家庭后发展,机会也是相对均等的。但资本强力介入和占具有潜在发展优势的土地资源,以及地方政府对集约用地的刻意追求,抹杀了村民自主调节的可能性。以古北水镇为例,开发前当地村民依靠临近的司马台长城景区经营农家乐,搬迁后的新农村安置房分为可以经营农家乐的联排别墅和不能经营农家乐的公寓,住在公寓里的村民参与旅游业发展的途径只能是为旅游企业工作[①]。

即使达到了录用标准被企业雇佣,也并不意味着村民利益得到保障。"以资本雇佣劳动"为基础的企业强调股东是雇主,被企业所雇佣的村民是为资本赚钱的工具。企业制度安排和权利设置均以单方面保护股东利益为特征,企业一旦出现财务危机,习惯于以裁员方式来降低企业损失。国内企业在发生财务危机时还有一种恶劣的行为是拖欠农民工工资。与企业的雇佣关系中,村民始终处于被动。

2)相对剥夺感与负外部性风险

旅游开发企业租用农户土地是以租赁前的年均农业收益为标准,这就意味着农户完全没有分得经营性开发带来的收益,即土地级差地租。农户在景区开发中虽然有所受益,但更多的是产生相对剥夺感。篁岭村68户居民,旅游开发之前人均年收入为3500元,2015年人均年收入为2.6万元。篁岭景区收入连年增长:2014年,总游客量为23万人次,门票收入1900万元;2015年,总游客量为45万人次,门票收入5800万元;2016年,总游客量为78万人次,门票收入7000万元。这就意味着企业利润和政府税收每年都在大幅增长,然而村民实际从企业得到的资源使用费、农用地流转费、景区工资(总计分别为45万元、10万元、330万元)[②]没有变化(图5-4)。婺源县政府于2017年和2018年陆续帮助篁岭景区建设了景区

---

① 欧阳文婷,吴必虎. 旅游发展对乡村社会空间生产的影响:基于开发商主导模式与村集体主导模式的对比研究[J]. 社会科学家,2017(4):96-102.

② 江西财经大学新闻网. 邹勇文等研究报告获严隽琪副委员长批示[EB/OL].(2016-11-16)[2020-01-05]. http://news.jxufe.cn/news-show-30755.html.

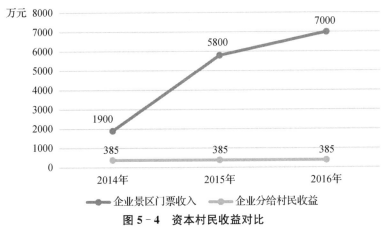

图 5-4　资本村民收益对比

资料来源:作者自绘

停车场、拓宽进入景区的道路等,而对篁岭新村没有持续投入,加大了农户的心理落差。

　　在这个资本下乡的场域中,资本对农户来说是遥远的。一切事宜均由村干部代为传达,而农户却难以与企业直接对话,例如企业通过村干部与农户协商农用地流转,委托村干部组织建造安置房和公寓。然而,对门票收入分成承诺失信的质疑,对景区梯田农药污染新村饮用水源问题的不满,对安置房质量问题的抗议,全部都被村干部一手压了下来①。

　　景区开发后,农户之间的贫富分化进一步加剧了。少数农户在"天街"租店铺经营,部分农户在新村内经营家庭客栈。但大部分没有经济基础、农宅地理位置又不理想的村民难以跟上旅游发展的脚步,同等受益。根据 2017 年一项有 45 位篁岭村村民参与的调查研究②,96 位受访者中有 39 位(41%)村民表示乡村旅游精准扶贫政策的实施对收入的提高没有影响;有 50 位(52%)村民表示收入有所增加,但是增加不多;只有 7 位(7%)村民表示政策的实施极大地增加了他们的收入。

　　村民还不得不承担一些负外部性影响。首先是环境破坏,村集体生态利益受到损害。台资农业企业在福建山林地区开发台湾高山茶园,原有的茂密植被被大面积毁坏,影响了自然生态平衡③。在景区建设过程中滥采乱伐、肆意规划(图 5-5),改变甚至破坏了自然生态环境与优美田园风光;在景区经营过程中,为尽快回收投资,旅游开发企业扩建停车场,超出最大游客容量来接纳和引入人流、车流,给村民生活带来噪声、尾气污染。这些环境负面影响不但使农户得不到补偿,还带来了生活成本上涨的压力。旅游业开发后,游客带动了餐饮、住宿等产业发展,村民的相关消费品价格也被拉高。

　　①　郭庆. 产权置换模式下婺源篁岭景区-社区竞合研究[D]. 昆明:云南师范大学,2018.

　　②　张春美,黄红娣. 农村居民对乡村旅游精准扶贫政策的满意度及影响因素:基于婺源旅游地搬迁移民和原住居民的调查[J]. 江苏农业科学,2017,45(13):311-314.

　　③　刘宇峰,王海平,周琼,等. 台湾农民创业园规划编制方法与实践分析[J]. 台湾农业探索,2012(5):10-15.

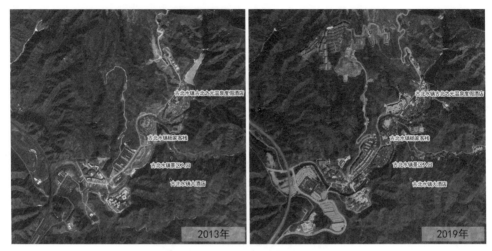

图 5 - 5　古北水镇采伐林地范围

资料来源:作者自绘

5.4.2　精英联盟的利益最大化

1) 工商资本:长期回报及国家惠农资源

对工商资本来说,乡村旅游综合开发属于高投入高回报的产业。依靠地方政府在土地流转和规划项目用地审批方面的支持,企业能够以房地产开发来实现短期资金平衡,以土地获得银行贷款,从景区的持续运营中获得长期高额回报。2014 年 10 月正式对外营业的古北水镇景区,开业第一年即远超预期,实现旅游综合收入 2 亿元。开业第二年完成营业收入 4.62 亿元,获得净利润 4701 万元①。开业第三年达到 300 万人次客流量和 10 亿元营业收入②。

资本下乡,获得的国家惠农资源也不可小觑。以饶静③的调查研究为例,股东投入自有资金再加上总计约 532.8 万元的地方政府项目奖补(表 5 - 3),使流转了约 67 hm² 土地种植蔬菜的农业公司比较顺利地应用了高效节水农业技术和现代农业生产设施,而缺少财政支持的小规模农户投资意愿很低。

表 5 - 3　某农业公司获项目支持情况

项目名称	支持部门	项目方式	项目个数/面积	支持标准
机井建设	市水利局	直接建设	1 个	约 20 万元/个
膜下滴灌	市农产办	建设验收后资金补助	66.67 hm²	5250 元/hm²
扶贫项目	市扶贫办	现金支持	1 个	201.3 万元
机井建设	市扶贫办	直接建设	1 个	约 20 万元/个

①　周红. 说说古北水镇特色小镇融资案例[J]. 国际融资,2017(9):58 - 61.

②　冯嘉. 为什么古北水镇不可复制[J]. 中国房地产,2019(14):26 - 30.

③　饶静. 不同类型农业经营主体对高效节水农业技术推广的回应研究:以河北省 Z 市滴灌技术推广为例[J]. 中国农村水利水电,2016(12):16 - 18,23.

项目名称	支持部门	项目方式	项目个数/面积	支持标准
助残项目	市残联	现金支持	连续5年	5万元/年
设施农业	市农业局	建设验收后资金补助	40个冬暖棚，383个春秋凉棚	10 000元/冬暖棚，5 000元/春秋凉棚
项目合计				532.8万元

资料来源:饶静. 不同类型农业经营主体对高效节水农业技术推广的回应研究:以河北省Z市滴灌技术推广为例[J]. 中国农村水利水电,2016(12):16-18,23.

在旅游开发过程中,企业获得了以基础设施建设为形式的地方政府公共投资,减轻了资金压力。婺源县政府2017年建设了篁岭景区停车场,2018年又投入1500万元拓宽进入景区的道路①。作为北京市"十二五"规划的重点旅游建设项目,古北水镇得到政府大力支持,包括将城市度假人流引入景区的外联主次干道交通的大型基础设施建设、村民安置房建设②,2012年获得密云县政府4100万元的基础设施建设补贴③。

2)地方政府:治理政绩最大化

在以土地"招拍挂"为形式的乡村旅游开发中,土地出让收入对地方政府来说是一项重大收益,能改善紧张的财政情况,让公共投资成为可能。2011年,地方政府以2.59亿元的成交价格出让给古北水镇旅游公司717.54亩旅游用地;同年再次以1.94亿元的成交价格出让旅游用地359亩,其原本为司马台村村民宅基地④。有了充足的财政资金,地方政府就能在更多乡村进行新农村建设。

地方政府也从旅游景区开发中获得了不菲的税收。2007年代表婺源县政府的江西婺源旅游股份有限公司成立,将众多私营古村落景区统一合并到公司名下,随后大幅提高了景区门票价格,例如同期李坑村从30元涨到60元,县政府的税收随之增加。对于同属工商资本投资的篁岭景区而言,将门票价格定为120元,景区企业缴税额也相应提高:以2015年为例,篁岭景区上缴税金1677.93万元⑤。

通过资本下乡主导产业开发,地方政府不仅破解了地方发展的困境,创造了新农村建设、地方经济发展的显著政绩,更重要的是拥有了对外宣传的"新名片",容易引起高级官员的广泛关注。篁岭景区自2014年起获得了多项荣誉称号,包括:"国家AAAA级旅游景区"(国家旅游局)、"中国最美休闲乡村"(农业部)、"全国特色景观旅游名镇名村示范点"(住建部)、"中国乡村旅游模范村"(国家旅游局)、"2015年特色文化产业重点项目"(文化部)等。"篁岭晒秋"入选最美中国符号。这些都是地方政府与工商资本精英联盟所取得的成果。

---

① 杨洁莹,张京祥. 基于法团主义视角的"资本下乡"利益格局检视与治理策略:江西省婺源县H村的实证研究[J]. 国际城市规划,2020,35(5):98-105.

② 董晓菲. 休闲农业地产项目产品策划研究[D]. 北京:北京交通大学,2017.

③ 张定春. 古北水镇是如何操盘的[J]. 中国房地产,2016(35):41-43.

④ 周红. 说说古北水镇特色小镇融资案例[J]. 国际融资,2017(9):58-61.

⑤ "晒"出乡村新景致:江西省婺源县篁岭农村产业融合发展案例[J]. 中国经贸导刊,2016(34):27-28.

5.5 小结

本章以资本为对象,分析其在主导乡村产业发展过程中,通过与乡村权威、地方政府形成精英联盟,进一步强化了主体能力;通过大规模占地和融资,谋划产业价值链优化的土地利用;在空间运营过程中,对物质空间的营造、消费者行为与体验,以及包括村民在内的员工个体劳动实施全面控制行动。反观村集体,从一开始其能力不但没有得到强化,反而因乡村精英的"倒戈"而弱化;工商资本的土地流转、产业价值链优化、土地用途转变都是出于自身利益最大化的考虑,未能体现村集体利益诉求;空间运营中,土地和劳动被前者所掌控,以实现工商资本的规划发展目标。

精英联盟能力、目标、行动的结构性匹配,村集体能力、目标、行动的结构性缺损,导致在乡村建设及产业发展过程中,前者实现了最大化的精英联盟利益,而后者则受到了多重的显性和隐性损失,以下是本书对利益失衡发生机理的总结(图5-6)。

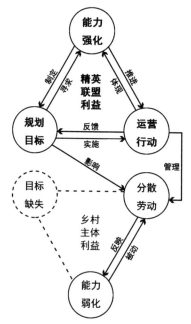

图5-6 利益失衡发生机理

资料来源:作者自绘

6 多元主体利益平衡的精准赋能空间营建模式

多元主体利益平衡,是以法定地位平等和利益协商为基本原则,让村集体的发展诉求与工商资本和地方政府的经济与政治利益相结合,并使前者在营建行动中保持自己的步调和自治空间,从而在产业发展过程中持续增强内在动力,实现乡村建设从"输血"到"造血"的转变。

多元主体利益平衡的乡村空间,是在资本参与乡村发展与建设的背景下,以地方政府从单中心向多中心治理转型为条件,对乡村资源进行合理整合配置的独特产物,是产业发展在空间形态上的实现,能由内而外地真实展现乡村振兴的魅力。本书将其称为"精准赋能空间"。

6.1 多元主体的利益平衡目标

6.1.1 目标的提出

多元主体的利益平衡目标的提出符合乡村振兴的本质要求。该目标在乡村资源合理整合配置的作用下,以精准赋能的乡村空间形态为结果。多元主体的利益平衡目标所对应的乡村空间,其营建过程与策略由村集体的主体性增强、产业重组与空间重构、资本与村集体空间功能动态调适以及产业文化特色与景观风貌共塑四个方面组成。目标的实现,以法定地位平等和利益协商为基本原则,要求在资本下乡的准备与策划研究阶段,地方政府首先对企业与村集体各自的能力与发展目标进行平衡,再用规划设计手段去组织协调企业与村集体的空间布局关系,包括空间形态、基础设施、柔性界面等,并在产业发展过程中,让土地用途与空间功能在制度刚性中富于弹性,突出产业文化特色与景观风貌。

6.1.2 精准赋能空间

多元主体利益平衡以土地和空间形态为载体,本书将多元主体利益平衡的目标空间定义为精准赋能空间。精准赋能空间是在乡村振兴、资本参与背景下乡村资源合理整合配置的产物。精准赋能空间营建模式是乡村产业发展在空间形态上的实现过程。

精准赋能是指在资本下乡过程中,地方政府从单中心向多中心治理转型,使村集体具有对产业结构调整和土地用途转换的决策权力、行动能力,对不同禀赋乡村适应市场经济和现代化发展的内在动力进行针对性强化。在多元主体利益关系中,产业重组和空间重构是具有深远影响的,因为资本是带着营利和长期经营土地的计划而来的,重构后的空间格局在大量资金和技术投入下,很难有结构性改变。村集体在发展过程中,应不断被地方政府精准赋予调整土地利用和空间功能的动能,以实现资本与村集体的共生与共荣。精准赋能空间发展机制见图 6-1。

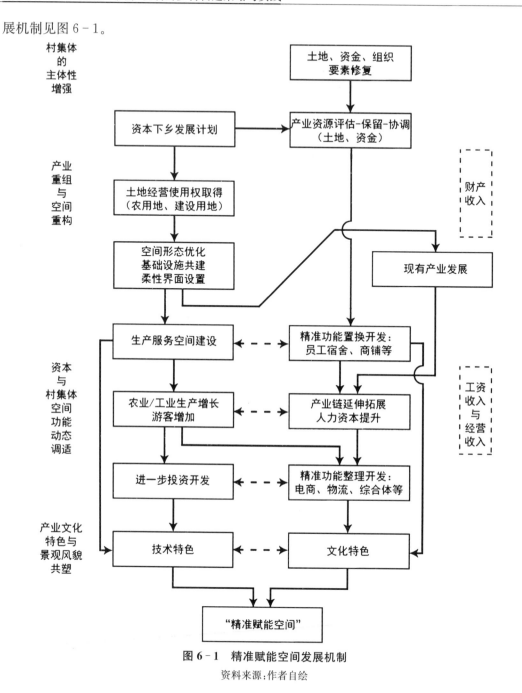

图 6-1 精准赋能空间发展机制

资料来源:作者自绘

6.2 村集体的主体性增强

就像因人体的免疫系统如果缺失了一些免疫器官(例如割除扁桃体),会增加罹患一些疾病的概率一样,村集体主体性的衰弱往往令其无法适应、应对资本下乡带来的压倒性影响,村干部-村民社区关系、人-地经济关系被外力冲击和破坏,利益诉求在产业发展规划中无从体现,遑论从产业发展中充分受益。因此在企业进村前,地方政府首要的任务是增强村集体主体性,针对性地修复乡村在土地、资金、组织等要素方面的缺失状态。

6.2.1 土地利用政策弹性供给和金融支持输入

1) 制度刚性基础上的土地利用政策弹性

集体土地使用权制度总体具有刚性限制。国家始终坚持保护耕地的目标,国家相关部门不断出台政策,规范和引导现实中农用地利用的新业态、新情况,如 2014 年国土资源部、农业部《关于进一步支持设施农业健康发展的通知》界定了设施农用地分类和范围,并明确将一些容易混淆的土地利用方式予以定性。有学者通过分析土地制度改革试点指出,集体经营性建设用地是乡村生产建设用地,其改革的成败不会对农户自身生活产生过多影响,具备较大的制度创新余地[①];宅基地制度改革直接关系到农户自身利益的得失,坚持其保障性质依然意义重大。对于当前土地利用规划编制,王向东和刘卫东[②]认为,"规划方案存在单一、内容标准化、功能与用途分区机械、分区管制政策千篇一律等问题,规划普遍僵硬而缺乏合理的弹性,不具有灵活性和适应性"。因此,地方政府在坚持保护耕地、保障农民居住需求的前提下,可以实施相对灵活的乡村土地利用政策。

对于许多未能在 20 世纪八九十年代创办乡镇企业的乡村来说,集体经营性建设用地的匮乏成为乡村产业发展的瓶颈。由于目前宅基地利用粗放、一户多宅、超标占用、闲置等现象普遍,地方政府应将新农村建设与宅基地制度改革相结合,将居住保障与产业发展相结合,支持村集体主导村民宅基地整理。在完成村民安置房建设后,得到增量集体经营性建设用地由村集体统一开发经营。这样,在保证耕地不减少、集体建设用地总量不增加的前提下,乡村都具备了产业发展所需的建设用地资源。

王小映[③]指出,南海模式、上海模式等土地股份合作制的共同特点是由村(组)集体直接向市场供应建设用地,避免了由城市政府通过土地征用抽去土地增值收益,土地增值收益被村集体实际取得和分享。集体经营性建设用地使用权通过土地股份合作社改制后,可以向工商资本流转,或者由村集体自主经营使用。英国 1995 年《城乡规划令》规定,一定规模以下的工厂和仓库扩建、宅邸扩建、农林业建筑新建,以及一定范围内的土地用途转换,不需要申请规划许可[④]。在集体经营性建设用地的自主经营发展中,可以允许村集体自主决策,转变一部分经营性建设用地用途,以实现产业转型发展战略。而国内,陕西省礼泉县袁家村是一个典型的例子(图 6-2),村集体在从工业村转型发展乡村旅游的过程中获得了较充分的自主权,以村集体(及其成立的旅游公司)决策为中心的发展规划,"甚至没有按照政府规划

① 林超. 中越农村宅基地管理制度比较与借鉴[J]. 世界农业,2018(9):107-113.
② 王向东,刘卫东. 土地利用规划:公权力与私权利[J]. 中国土地科学,2012,26(3):34-40.
③ 王小映. 土地股份合作制的经济学分析[J]. 中国农村观察,2003(6):31-39.
④ ODPM. A Farmer's Guide to the Planning System [R]. London:Office of the Deputy Prime Minister,2002:45.

进行发展"①；村集体对建立在集体经营性建设用地上的作坊合作社和小吃街合作社,以及建立在宅基地上的农家乐实行从原料到出品的一条龙管理,调整由经营业绩差异而造成的收入差异,产业发展和管理理念得到村民、商户以及市场的认可。浙江省象山县松兰山旅游开发,梅岙村村集体保留了 30 亩地入股,用一部分征地费修建了美食街和停车场,依靠前者获得旅游区股份分红,又从后者取得了租金②。

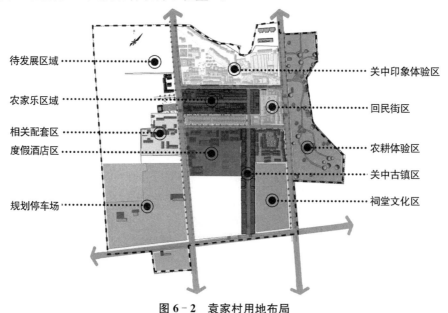

图 6－2　袁家村用地布局

资料来源:胡春霞. 袁家村:自组织视野下乡村营建模式研究[D]. 西安:西安建筑科技大学,2016.

　　地方政府可以用税收来调节乡村集体与更大范围地区之间的利益。魏立华和袁奇峰③诚恳地建议:"1990 年代以来中国城市依靠土地出让换取财政收入和发展资金的做法从长远来看肯定是不可持续的。唯一可依靠的是在土地上建立的企业和物业所带来的税收。在土地产权方面,政府应'不求所有,但求所在',核心任务是培养税基,而不管税基是在集体土地上,还是国有土地上。"目前我国法律并没有就土地股份合作社等组织的地位做出规定,因此应尽快完善相关法律,使其作为一个纳税主体承担应尽的义务。

　　Chambers 和 Conway 将生计定义为基于能力、资产和行动的谋生方式④。生计权利是基本人权。以家庭工业、农家乐为宅基地普遍利用形式的农户非农生计很容易陷入过度竞争。在宅基地用途方面,农户应当被赋予一定探索和尝试的自由,以契合"大众创业,万众创新"的时代精神。

　　①　欧阳文婷,吴必虎. 旅游发展对乡村社会空间生产的影响:基于开发商主导模式与村集体主导模式的对比研究[J]. 社会科学家,2017(4):96－102.
　　②　刘艳. 论美国土地使用管理中的 CBAs 及对中国的启示[D]. 长沙:湘潭大学,2014.
　　③　魏立华,袁奇峰. 基于土地产权视角的城市发展分析:以佛山市南海区为例[J]. 城市规划学刊,2007(3):61－65.
　　④　何仁伟,刘邵权,陈国阶,等. 中国农户可持续生计研究进展及趋向[J]. 地理科学进展,2013,32(4):657－670.

2) 金融支持输入

个体工商户是农村家庭经营最普遍的商事登记主体形态,原因在于程序的便利性,没有复杂烦琐的手续,登记简单快捷。不过,我国的个体工商户制度在法律上还有较多缺陷,农村家庭经营没有得到与它弱小地位相称的制度优待。尤其因承包地、农房无法抵押,乡村个体工商户金融贷款手续繁杂,需要其他固定资产抵押担保或者由具备一定资格的亲戚朋友为其担保,发展面临严峻的挑战。曹树余[1]通过调查多个旅游型乡村发现,资金的缺乏是部分农户未能参与旅游业的主要原因之一。如果没有"国家之手"强有力的保护和扶植,农户必然无法在市场竞争中立足。

许多国家和地区都在制度设计上予以小、微市场主体特别优待。《德国商法典》对商人有很多限制性的严格要求,但小规模经营者可以自由选择登记为商人并接受商法的约束,或者以非商人身份按照民法的要求进行经营活动;《日本商法典》同样对一般商人有较为严格的规定,但对"小商人"的生产经营要求比较宽松;美国《机会均等法》、意大利《手工业法》等均包含了为个体商人提供信贷扶植、资金支持、信息咨询等服务的目的[2]。台湾地区在 20 世纪 80 年代实施《核心农民八万农建大军培育辅导计划》,在 10 年内共投资 300 亿元新台币鼓励青年农民创业,一个核心农民可以获得总计 145 万元新台币的创业贷款、住宅贷款和生产贷款,使这批专业而有竞争力的农业经营者有力推动地区现代农业发展[3]。

早在 2011 年,中国人民银行就在福建省漳浦县台湾农民创业园试点农村土地承包经营权抵押贷款,向园区台农发放以土地经营权附带地上固定设施作为抵押担保的贷款,2012 年 3 月至 6 月累计发放此类贷款 1040 万元[4]。《民法典》第三百四十二条正式确认土地经营权"可以依法采取出租、入股、抵押或者其他方式流转"。但由于第三百九十九条明确规定宅基地使用权不得抵押,结合第三百九十七条即所谓的"房地一体处分原则",意味着农户最重要的固定资产——农房依旧不在法律允许抵押的财产范围内。

6.2.2　延续集体价值的农户合作社

1) 农户土地股份合作社

由经济上分散的农户所组成的村集体面对工商资本往往陷入被动。应当提早以某种合理的方式组织起来。由于资本下乡需要土地,因此按照自愿参与的原则,农户以土地入股是较好的选择。

目前,村集体对土地资源进行产权改革、统一经营,典型的有"南海模式""苏南模式"和"北京大兴模式"等[5]。"南海模式"是以村委会或村民小组为单位组建土地股份合作社,将农民承包土地折股量化(按照其农业经营收益或国家征地价格每亩作价 2 万元),农民个人

① 曹树余. 基于农村休闲旅游下农户生计转型研究[D]. 天津:天津工业大学,2018.
② 王妍. 个体工商户:中国市民社会的重要力量及价值[J]. 河南省政法管理干部学院学报,2010,25(1):57 - 66.
③ 牛静,张锋. 中国台湾农民创业模式[J]. 世界农业,2013(5):132 - 133.
④ 康佩芳,林建南,陈朝晞. 漳浦台湾农民创业园金融服务调查及建议[J]. 福建金融,2012(11):50 - 52.
⑤ 王万江,解安. 农地股份合作制的三种实践模式比较分析[J]. 农业经济,2016(11):85 - 87.

参与土地财产性收益分配。"苏南模式"通过村集体组织的统一调整,将集体资产和农民承包土地入股(常熟新港镇李袁村每亩土地作价 1 万元),由合作社将农用地流转给第三方从事农业经营,向社员提供长期稳定的土地财产收益。"北京大兴模式"由村集体经济组织将全村土地确定为股权(西红门每亩土地作价 6 万元),量化到本村集体经济组织成员,由合作社开发经营土地,与农民依据股份分配经营收益。

土地股份合作制将农户组织起来,能产生多重制度绩效[①]。首先,推动了土地规模经营,为各类产业化项目发展创造了条件。其次,使集体土地所有权从"虚置"到"坐实",有效保障农民的合法财产权益。再次,提升了村民对企业的谈判能力,有助于村民分享土地增值收益、增加收入。最后,把市场经济引入农村管理中有利于村集体向现代企业转变(虽然目前没有土地股份合作社的相关法律法规,在注册登记、税费征缴等方面缺乏法律依据)。

不同资源禀赋的乡村,可以采取不同的土地股份合作社运作方式。如果自身资金实力不足,那么可以先采用租赁型土地股份合作方式,以地参股、招徕工商资本落地;随着资金状况的改善,经营型土地股份合作应逐渐占据主导地位。

对集体成员经营集体土地,可以采取社会性合约[②]的方式,即双方基于互惠目的,进行不完全等价的交易,如在民主协商的基础上,允许集体成员所办企业以低价甚至免费使用集体土地实现资本原始积累,同时要求企业给予村集体特定公共物品回馈等。

2)必要的集体资产份额

我国农民合作化的历史表明,为了使农民组织化能够持续进行、体现一定程度的集体价值精神,在农户组织化发展时期尤其是发展初期,应保持一定的集体资产份额。

集体资产份额的来源除了自上而下的政府财政支持之外,主要来自集体经营性建设用地及资金收入。十一届三中全会后,一些村集体发挥了自然资源优势,如依托石土资源发展建材工业、依托农副产品优势发展加工业等[③]。从 20 世纪 90 年代中期开始,部分村集体发现厂房而非直接经营企业是更安全、低风险、收益稳定的经营方式,例如广东南海村集体滚动式进行非正规土地开发,这些以工业为现状用途的集体经营性建设用地未来在开展商业、旅游等经营活动方面存在更大的土地级差租金潜力——工业用地永续租金收入折现价值 90 万元,而若改为商业用地后的永续租金收入折现价值达 300 万元[④]。有的村集体虽然没有发展乡镇企业,却也依靠未发包给村民的机动地,逐渐积累集体资金。有"国际慢城"之称的江苏省南京市大山村,村集体以自己的茶树地盈利,供村民合作组织运行所用。

以陕西省礼泉县袁家村的发展史为例,随着村集体企业的不断转型,集体资产不断壮大,才能支撑起需要高额前期资金投入的乡村旅游业。在改革开放之初,袁家村建起白灰窑、砖瓦窑、水泥预制厂等村办工业企业,农业和工业齐发展;从 20 世纪 90 年代开始,村办

---

① 王小映. 土地股份合作制的经济学分析[J]. 中国农村观察,2003(6):31-39.

② 郑风田,阮荣平,程郁. 村企关系的演变:从"村庄型公司"到"公司型村庄"[J]. 社会学研究,2012,27(1):52-77.

③ 李炳生. 关于发展村级经济的做法[J]. 老区建设,1991(12):21-22.

④ 魏立华,袁奇峰. 基于土地产权视角的城市发展分析:以佛山市南海区为例[J]. 城市规划学刊,2007(3):61-65.

工业进一步拓展,建起了硅铁厂、印刷厂和海绵厂,同时把触角延伸到交通运输产业和建筑施工产业,集体资产实力愈加雄厚。在 2007 年,袁家村村集体投资 3500 万建设旅游景区,建成了集小吃、作坊、杂耍等于一体的一百多间康庄民俗老街,开启了关中印象体验地——袁家村农耕民俗文化的旅游品牌[1]。

当然,集体股与农户个人股的比例需要村集体根据自身情况民主决定。如"苏南模式"基本上为个人股和企业股,集体股比重小;"北京大兴模式"中的集体股占比大;而"南海模式"中的集体股则被逐步取消了。

3）底线:集体价值的守护

集体的价值之一在于重视每一个集体成员的需求。集体土地股份合作组织在能人的领导下变大变强后,也不能忘了守望相助的初衷。既要让细碎土地规模化、引入适合的工商企业,又要为专业农户、家庭农场等新型农业经营主体的成长预留足够的土地空间;要扶贫助弱农户,以教育、就业救济优先。

集体价值精神需要自始至终维护每一个集体成员的话语权。特别是产业发展扩张需要更多资金时,如果集体成员都愿意出资,那么采用社区融资或者内部集资的方式,能够确保话语权不旁落。在与投资人所有企业合股经营时,要限制比例和对方的投票权。最好的办法当然是政府担保融资,不过目前这一渠道有"扶强不扶弱"[2]的倾向,只适合有一定实力的合作组织。总之,集体成员实施多数控制的底线一定要守住,只有这样,乡村新型股份合作社的集体性质才是可以解释的[3]。

6.2.3 能人经纪的战略领导作用

1）阶段性选择:政企合一的能人领导

"火车跑得快,全靠车头带;群众富不富,关键看支部。"新中国成立后、特别是改革开放以来,在乡村涌现出各类能人,即具有特殊才干且在乡村各类事务中发挥着关键作用的人[4]。他们往往见多识广、受教育程度高:曾经或正在政府任职,他们就有机会获得比普通村民更多的社会资源,可被称为社会能人;经济能人,即有商业头脑、为乡村发展做出直接经济贡献的人。其中最典型的莫过于能人书记吴仁宝,其带领华西村在改革开放的洪流中博击弄潮、闻名全国。

众多学者肯定了经济能人治村的积极作用:有学者认为它是"管理者控制—权势精英主导—群众自治"[5]村民自治渐进发展过程中必不可少的过渡性阶段;经济发展等"带领致富"的积极效应成为共识。据浙江省民政厅 2008 年统计,企业家、工商户、养殖户等先富起来的

① 宋应军. 中国乡村旅游示范第一村袁家村一年赚 10 个亿的秘密(上篇)[EB/OL]. (2017-11-01)[2023-1-30]. https://www.sohu.com/a/201609006_653396.
② 刘骏,陈倩文,周容,等. 农村土地股份合作社的融资路径研究[J]. 湖北农业科学,2017,56(9):1787-1790.
③ 徐旭初,吴彬. 异化抑或创新?:对中国农民合作社特殊性的理论思考[J]. 中国农村经济,2017(12):2-17.
④ 孙瑜. 乡村自组织运作过程中能人现象研究[D]. 北京:清华大学,2014.
⑤ 卢福营. 村民自治与阶层博弈[J]. 华中师范大学学报(人文社会科学版),2006(4):46-50.

经济能人当选为村委会主任或村党支部书记的比例已经高达 2/3①。经济能人治村的出现与农村税费改革后国家出台财政奖补资金和"一事一议"制度推进农村公共服务与基础设施建设有一定关联。根据制度设计,财政奖补资金只占项目总额的 1/3,剩余 2/3 由"一事一议"筹资筹劳,并且为了避免增加村民负担,对筹资筹劳还有上限规定。富人有能力为乡村公益事业建设垫付甚至捐赠资金,由他们主政乡村自然成为村民的理性选择。

有了一定的集体资产基础,依靠乡村能人的带领,农户土地股份合作的乡村很有可能与政府部门机构、企业、开发商一样具有独立性,也就是说村集体更有胆量与外力抗衡,与地方政府和企业协商谈判,处理对外和对内的资产权利问题,甚至成为"新组织和新制度的倡导者和设计者"②。

当然,能人领导不是没有组织风险的。目前大部分研究都认为能人治村是一种阶段性的必然选择。现实中各地乡村在实践中完善内部民主监督办法,也将随着我国基层政治制度改革的推进而得到完善。

2）战略作用：市场经济中集体能力的更新

本书将乡村能人在市场化的土地流转和产业发展中,把集体能力的不断更新作为战略目标的集体经纪人作用归纳为"能人经纪"。

乡村能人应有企业家战略思维和社会关系网络。能人未必是企业家,但有不输企业家的洞察力、应变力和预见力。以陕西省袁家村为例,改革开放以后,在众多乡村忙于分田到户时,能人书记却告诉村民们,农民光在地里跑,八辈子都富不起来,从而做出了从农业村向工业村转型的战略决策;20 世纪初,国家整顿关停中小企业,农业市场下滑、前景不佳,能人书记从外地的经验、做法中多方寻求新的产业增长点,又走上了一条以生态农业与乡村旅游业两轮驱动的产业融合发展道路。乡村能人要与乡贤、地方企业家、地方干部建立社会关系网络,广泛听取集体成员、专业人士意见,甚至委托专业机构和咨询公司进行市场先期调研,收集多方面的信息,合理预估乡村发展潜力和前景。

能人经纪要根据村集体自身能力变化选择适宜的发展路径。集体以租赁型土地股份合作为主要发展战略的时期,出让农用地经营权、闲置农房使用权等时,通过竞标的方式公开进行。能人充当集体的经纪人,对竞标企业设立资格门槛,如从业年限和经历、企业规模、资金和融资能力,等等。让本集体农户专业合作组织成为企业产业链的重要一环,加强与企业的知识共享,培育本地技术和管理人才。当集体组织综合实力提升后,在以经营型土地股份合作为主要发展战略的时期,能人要以企业家的思维围绕核心产业,将土地集中起来发展规模化、集约化生产,开展与投资人所有企业的合作,实现产业转型发展。

6.2.4　社会资本与村民参与制度导入

由于地方官员、乡村权威存在"自利"的可能性,由规划师等专业人士协助村民参与乡村规划的机制应该得到建立。

① 商意盈,李亚彪,庞瑞. 富人治村："老板村官"的灰色质疑[J]. 决策探索(上半月),2009(10):62-63.
② 折晓叶. 合作与非对抗性抵制:弱者的"韧武器"[J]. 社会学研究,2008,23(3):1-28.

通过组织各种培训、讨论会,让村民了解土地政策进展、乡村规划建设的法规与流程、国家惠农资源投放等信息,帮助村民明确自身在其中的权利与义务。定期召开乡村建设评议会,拓宽村民参与渠道,强化其社会监督意识。强化村务公开制度,敦促地方政府和乡村能人提高招商引资项目透明度,聘请第三方审计乡村产业发展相关数据信息。尤其是政府特许经营项目,应全面记录包括立项、签订合同在内的过程。

同时,也要向村民传达乡村规划的严肃性和权威性,对村民建房行为进行指导和帮助。

6.3　产业重组与空间重构

6.3.1　产业结构调整

1)土地资源评估与保留

与产业发展相关的生态用地、文化资产、适宜建设区域等土地资源,需要预先经过专业人员独立评估,并与村集体、地方政府沟通其经济价值、开发强度、建设时序等核心问题。包含脆弱且不易恢复的林地、水域的区域,需要得到地方政府的批准和强有力的监管,才能流转给企业进行有限度的开发。对于文化资产(如建筑、建筑群),应确定合理价格区间,以便于出租或入股。适宜建设区域特别是其中的存量建设用地是产业发展的重要支撑,需要根据未来可得性进行可持续的利用。

对于村集体来说,土地资源保留就是保留自主发展空间。如果地方政府一味要求土地资源充分和高效利用,那么"经济最优"的配置方式必然是由企业来开发。村集体与企业之间客观存在价值取向、组织结构等差异,决定了土地资源在村集体和企业之间的分配原则,是要尊重前者自主发展的需求,以资源的适度保留来达到土地资源配置的"经济和社会最优"。

2)产业间资源协调和整体可持续

土地、资金、劳动力等资源一般都具有多用性,在资源数量一定的情况下,各用途之间就要展开竞争。资源往往向经济效益高的用途流动,而其余用途可获得资源就受到限制。地方政府需要对资源在不同产业、产业链不同环节的分配利用趋势进行适当调节。当非农产业迅速发展,私人资金都趋向相关产业时,公共资金的投入要向弱质的农业、林业,甚至农业中更弱质的粮食作物种植倾斜——而不是"锦上添花"。农业永远是乡村的基础产业,而由村集体成员所经营的农业更是基础的基础,产业升级发展应将资源从金字塔塔尖上"释放"一部分到塔基,使彼此协调、相互促进。例如,工商资本投资旅游地产、旅游景区所依托的乡村风貌环境是村集体长期在耕地、林地上劳动投入的结果,企业上交地方政府税收应以农业补助的方式反哺村民。此外,产业结构调整并不是一步到位,应随着更大范围内的社会需求变化而做出回应。单一客群导向的、以一时经济利益最大化为目的而采取的资源配置模式,易随经济和社会环境的变化而进退两难。产业间资源协调而形成的产业结构,有助于乡村实现长期可持续发展。

6.3.2　空间形态的整体优化

1）建设用地：聚落形态类型延续

企业与村集体属于两种价值取向不同的组织，企业强调股东的利益，对于明晰的产权具有强烈的追求，这符合市场经济客观规律。但目前资本下乡倾向于把产业建设用地与村庄建设用地远远分开，两者之间隔着山林和农田——当然后者也在圈地范围内。针对这种情况，本书强调营建"新聚落"，即企业与村集体建设用地的相聚坐落。新聚落形态应以延续既有聚落形态类型为原则，控制双方的建设行为。聚落形态，指的是乡村聚落的平面形式①，以建筑物为主要内容。类型学将聚落形态分为集村和散村②，由于散村在目前的政策形势下以集聚为方向，下面只探讨集村的形态延续。

条段聚落，形态特点比较清晰和直观，一般出现在沿河或者沿路的地势相对平缓处，以条段式布局为空间形态特点，整体呈条状，局部可能中断而分成几段，总体布局形式以河流或道路的走向为依据，随着聚落规模的扩大会继续延伸。传统上，在南方水网地区，沿河自发形成的聚落有利于村民的日常生活与水路出行；新的条段聚落更多受道路影响。

新聚落应以"整体伸展，适度扩展"为原则（图6-3），延续和优化条段聚落空间形态。对现有条段聚落应区别对待。有的条带聚落过于伸展，不利于公共设施的集约利用，在具备扩展空间的条件下，企业的建设用地可增强新聚落的集聚性。有的条段聚落分段明显，且段与段的长度差异过大，可进行局部拆迁，再将其"填补"安置到聚落内空间较为宽裕的片区。

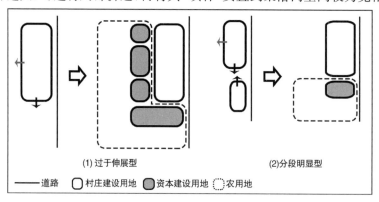

(1)过于伸展型　　　　(2)分段明显型

——道路　☐村庄建设用地　▨资本建设用地　⌐⌐农用地

图6-3　条段聚落：整体伸展，适度扩展

资料来源：作者自绘

团块聚落是若干个片区集聚形成的相对集中的空间布局形式，各团块之间联系密切。团块聚落是乡村人口不断增长，规模不断扩大的结果，又受到周边自然环境限制而被迫进行比条段聚落更集约的土地利用。聚落内通常有由风水池、祠堂、商业、行政等多种公共空间构成的聚落核心。

---

① 蔡凌. 建筑-村落-建筑文化区：中国传统民居研究的层次与架构探讨[J]. 新建筑，2005(4)：4-6.

② 车震宇，翁时秀，王海涛. 近20年来我国村落形态研究的回顾与展望[J]. 地域研究与开发，2009，28(4)：35-39.

新聚落规划应以"双核凝聚,协同增长"为原则(图6-4)。要考虑村集体团块聚落的空间布局,进一步优化核心区域的多功能性。在此基础上,企业团块的设置应与之协调,承担企业价值链战略环节功能的核心区域适当靠近村集体的公共功能核心,以便于未来基础设施和功能空间共建共享,发挥协同互补效应。

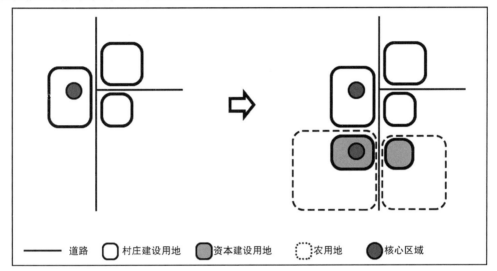

图6-4 团块聚落:双核凝聚,协同增长

资料来源:作者自绘

2) 农用地:肌理尺度特征保护

我国在不同地区乡村地理环境、历史文化与人口密度存在差异的背景下,产生了不同的农用地肌理。北方地势平坦开阔,大面积的农田向天边延伸;在南方的平原地区,高人口密度带来细碎的农田;在丘陵山地,一代代村民开辟出沿等高线排列的梯田,几乎找不到两块相同的土地。这种长期以来由小农家庭生产所形塑的肌理特征完全不同于资本的生产空间。已经有许多规划、建筑、景观研究者从文化、景观等不同角度提出要延续这一空间特征。经过第5章的分析,本书得出,适度延续原有肌理还指向了维护农户生计利益的目的。

保护小尺度肌理的农户生计空间。受到劳动力、农业投资、生产方式的限制,小农家庭生产规模不大,以亲情价格将承包地流转给亲朋后形成的中农,其生产规模大多也不超过30亩(表6-1)。这些留守人口一般缺少市场机会,容易在土地流转"运动"中被排挤。少数中农户如果能承担土地承包资金(520元/亩)和缴纳保证金(100元/亩),就能成为目前国家鼓励和政策扶持的规模化的家庭农场,通常要达到100亩的规模才能享受补助①。因此乡村营建规划要保护农户生计空间,100亩的规模是极限,再大,就只有工商资本才有资格进行农业生产了。

① 冯小. 去小农化:国家主导发展下的农业转型[D]. 北京:中国农业大学,2015.

表 6-1   2009 年平镇蔡村 4 个村民小组土地自发流转情况

村民小组	总户数/户	土地总面积/亩	种地户		中农户	
			户数/户	土地面积/亩	户数/户	土地面积/亩
W组	42	243	17	185.51	9	148.21
D组	17	109	5	59.18	3	48.18
Z组	19	230	7	128	4	102
F组	32	95	10	95	4	70.7
总计	110	677	39	467.69	20	369.09

资料来源:冯小. 去小农化:国家主导发展下的农业转型[D]. 北京:中国农业大学,2015.

限制大尺度肌理的资本农场空间。考虑到我国地少人多、城乡"二元"结构的国情,不应盲目将对国外私人农场的想象搬到国内。法国的休闲农业发展模式以农场为主,以 750 亩为分界线分为大型农场与中小型农场[①]。这样的尺度如果在中国推而广之,结果一定是灾难性的。这也就意味着不能将耕地向某个资本下乡项目集中,资本农场内部的田块亦不能分隔得太大,可参照家庭农场的规模。

6.3.3   基础设施串联与共建

乡村产业发展的实质即在城市(消费地)和乡村(生产地)之间建立和保持畅通的物质、信息、能量交换,基础设施是这一交换的前提。资本下乡利益失衡的一个重要表现就是基础设施建设的严重不平衡,厚"企"薄"村",企业的"领地"与城市之间的交换变得非常畅通,而乡村与城市之间的交换却没有得到改变,在城市的眼中,只见"企"而不见"村"。研究提出要串联与共建基础设施,让物质、能量、信息在企业与村集体空间之间流动,而非隔绝。这样,企业与乡村就更能够被视为一个整体。

1) 物质的流动:水路骨架

乡村的地表水网,是自然和人工作用长期作用的结果,前者即天然的河流、湖泊,后者则包括水库、水井、水渠、鱼塘等。水渠,是灌溉分配给不同农户的农用地的一种重要公共设施。我国南方地区塘、河密布,河道一度成为村民交通往来的重要载体,随着现代人们生活方式的改变,这一功能逐渐弱化,各级公路和村内道路取而代之。水系和道路所形成的骨架将农田为主的基质切割成大小形状不一的斑块,对乡村空间肌理特质有很大影响(图 6-5)。

借资本下乡的契机,因地制宜进行水系规划,充分利用现有水资源基础,进行疏浚与整治,营造物种多样的田园生态水网系统。包括水渠在内的给排水设施,是农业及非农产业发展必须具备的基础设施条件,应完善乡村给排水系统,包括取水地的选择和建设,设置蓄水池、水质净化设备,优化提升供水管渠;在生活污水汇集和处理系统之外,排水管网还要根据产业类型设置生产污水(如工业废水、养殖业污水)处理点。在农业休闲观光、文化旅游业开发中,主河道穿越企业所拥有片区内部的河段,以及面积较大的池塘,兼有公共活动空间的功用,可设置硬质驳岸以及滨水栈道、亲水平台等,供游客游玩。

---

① 赵航. 休闲农业发展的理论与实践[D]. 福州:福建师范大学,2012.

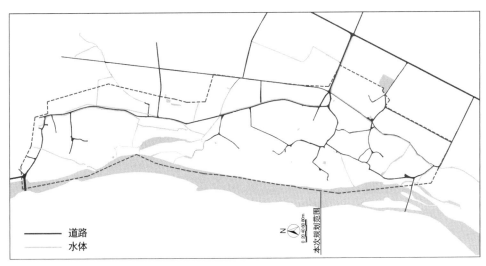

图 6 - 5　大竹园村水路骨架

资料来源:课题组

　　规划并整治不成系统的道路。便捷、高效的交通是乡村产业发展的基本需求和必要条件。不论是企业"圈地"而成的生产园区、旅游景区,还是村民生产生活的村庄,都要进行道路分级。延伸、贯通部分"断头路"形成局部或整体环线,车行道路宜规整,主要道路尽量满足车辆双向通行要求,采用混凝土或沥青路面。在企业园区和村庄之间还应建立基于步行路的便捷联系:一方面有助于企业员工、游客、村民绿色出行,另一方面是考虑其生态功能——农田群落往往比较脆弱,稳定性不强①。步行路材质以生态路面为主,体现乡村野趣。

　　2)能量的流动:新能源设施

　　低碳、环保是能源利用的发展趋势。改革开放以来,我国乡村地区能源消费快速增长的同时,能源消费结构不合理、污染大的问题日益突出,煤炭、薪柴等传统能源占比大,对空气中悬浮颗粒物排放的影响大,而电力、太阳能、燃气(天然气、煤气、沼气)等新能源的使用并未普及②。农户分散的能源消费也产生了一些问题。比如安装在农宅屋顶的太阳能热水器是一道独特"风景",各家各户的规格、尺寸各异,安装位置随意,缺乏设计与布局(图 6 - 6)。太阳能热水器以普通直插式为主,属于初级产品,多为农宅建成后安装,与农宅结合性差,施工时容易因没有预留安装位置和楼板孔洞而出现破坏屋顶防水层等问题③。

　　在乡村具有实用价值的沼气工程、光伏发电等新能源项目容易因缺乏建设资金和投资开发者而遭遇落地阻力。以浙江的农村集群沼气用户统一供气模式为例,能充分利用畜禽粪污、农作物秸秆、尾菜、厨余等废弃物,平均每户需 0.8 万～1.0 万元的建设资金④,经济基

　　① 孟娜. 农业科技示范园的规划设计研究[D]. 上海:上海交通大学,2014.

　　② 史清华,彭小辉,张锐. 中国农村能源消费的田野调查:以晋黔浙三省 2 253 个农户调查为例[J]. 管理世界,2014 (5):80 - 92.

　　③ 朱超飞,林涛. 国内外太阳能与建筑结合的应用现状研究[J]. 中国住宅设施,2019(3):100 - 105.

　　④ 刘银秀,董越勇,边武英,等. 浙江省农村沼气利用典型技术的表征和演进[J]. 浙江农业科学,2019,60(12): 2295 - 2299,2303.

图 6-6   太阳能热水器"风景"

资料来源：课题组

础较为薄弱的乡村无力承担。目前中国光伏发电呈现由西北向东南发展的趋势，以规避远离电能用户、长距离输送的问题。家庭式是发展方向之一，装机容量 5 kW 系统建设成本 5 万元左右①，需要政府补贴。

资本下乡应发挥资金、组织、技术优势，以新能源设施和管线建设进一步增强企业与农户之间的互惠互利关系（图 6-7）。现代农业企业可在园区内进行生物能源开发，汇集企业和农户生产生活中的各种有机废弃物，将产生的沼气通过专门管道向农户输送，为农户节省能源消费支出，将副产品沼液及沼渣作为农业园的有机肥料，提高物质利用率，减少环境污染。工业企业、农业企业、旅游开发企业可以与村集体共同投资，在厂房、温室甚至农房的屋顶安装光伏发电设备，满足乡村生产、生活对电力的需求。在青岛即墨普东镇，温室内部照明、温控所需的电力完全依靠屋顶安置的太阳能电池板提供，剩余电力直接并入国家电网②。在政府财政专项支持下，资本主导新能源技术在乡村生产生活中应用，将发挥综合性的经济、环境、社会效益。

3）信息的流动："俱乐部建筑"

资本下乡的通病是关起门来自成一体，让其长期占用的土地上的建筑空间变成了企业的私人物品。根据布坎南对俱乐部产品概念的经济理论分析研究，提出在资本下乡之初，多元主体协商在资本"圈地"范围内设立"俱乐部建筑"，它是整栋建筑或者建筑的局部（楼层、房间），使用权所有者是企业，但村集体通过支付一定的费用（离不开政府财政资助）也能够参与相关活动。这样，在行政村村域范围内，既避免了重复建设，又能够促进企业与村集体之间基于文化、知识的信息流通和融合。

文化展示空间。企业文化必然与产业有很大的关联。对于生产制造企业而言，其内容包括：以企业（及其总公司）为中心的内容，如产业科技成果、已经完成或正在进行中的技术性示范项目、发展规划等；以企业与村集体合作为中心的内容，包括企业雇佣的当地村民在

① 温泽坤，邱国玉. 中国家庭式光伏发电的环境与经济效益研究：以江西 5 kW 光伏系统为例[J]. 北京大学学报（自然科学版），2018,54(2)：443-450.

② 李沛. 青岛光伏大棚 27 省市"发光"全国做"样本"[EB/OL]. (2016-07-22)[2019-12-17]. https://www.sohu.com/a/107058809_114891.

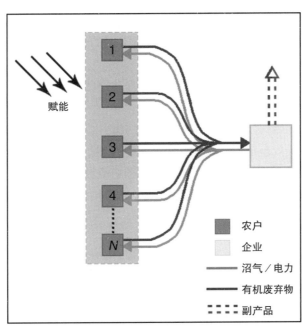

图 6-7 新能源互惠互利

资料来源:作者自绘

生产环节中的表现和成绩,农户、专业合作社所参与的产业链环节,进一步合作的计划等。对于利用乡村自然和人文资源进行乡村旅游业开发的企业而言,对资源的深入挖掘是很重要的,展示内容体现了对村集体的理解和尊重:农耕文化展览,农户和村集体提供传统农具、农业历史档案资料、农业工艺设施等;乡村生活文化展览,当地集体节庆日、农房建筑演变、乡村能人人物等相关照片、文字资料。

集会活动空间。由于知识的老化和科技的不断更新,不论对企业员工还是村民,再学习和技术培训在个人职业生涯中都越来越占有举足轻重的地位。将培训中心甚至小型图书与信息中心作为园区的组成部分,企业自己或者与职业学校、高等院校一同在园区内举办培训班,采取现场教学或网络教学形式,员工与村民都可报名参加。村民整体知识更新有助于为乡村自主产业发展提供不竭的内在动力。

6.3.4 柔性界面的设置

企业与村集体空间不应简单由高墙、大门等生硬割裂。借用"柔性界面"①的概念,本书认为在企业与村集体空间之间的柔性界面应有以下特征:边界的可识别性,意味着对彼此产权空间的尊重;选择透过性,有助于特定的良性的物质、信息等通过。

1) 缓冲集散地带

缓冲集散地带主要用于缓解一些负面效应的扩散,并成为具有正面价值的景观与设施。

---

① 贺勇,王竹,徐淑宁. 滨水住区"柔性界面"探讨:以京杭大运河(杭州城区段)为例[J]. 华中建筑,2006,24(3):101-104.

生产与生活缓冲地带,位于生产性用房与农居建筑之间。例如,农业园区的畜禽养殖笼舍,因异味污染较大,首先应规划在远离村民聚居空间的边角地段和下风方向,并在缓冲带中密植隔离、吸附异味的植物品种,如香樟、朴树、构树、毛白杨、芳香花卉等,消除园区养殖、堆肥带来的异味①。非污染型工业厂房与村集体居住空间之间应留有足够绿地以起到隔离噪声与美化的作用。

人流与车流集散地带,位于企业园区或景区的出入口与村集体空间接壤处。总面积根据企业业务规模和相关规范确定,应充分考虑周边路网情况,分区分散布置,避免人、车过于集中而给本来就比较脆弱的乡村道路带来压力,影响疏散速度。人流集散广场应避免单调空旷而与村集体产生疏离感,可设置景观设施(亭、廊)供游客与村民休憩用,同时增添空间层次感与韵律感。

2)开放空间与视线通廊

开放空间是包含可达性的场地,如小片的运动场地,带有健身休闲步道的田地。这一场地虽然有明确的归属,但却向对方打开,展示出开放和信赖的姿态。开放空间与连通了企业园区和村集体的步行道相连,步行道成为这一柔性界面的良性物质、信息的穿越通道。

视线通廊是不具可达性的场地。利用树篱、灌木等阻隔人的通过,但视觉以及嗅觉、听觉可以清晰地接收良性的信息传播,例如企业园区内的造景、芳香味的植物等。园区内部的建筑与设施布局应在保证土地合理利用的基础上,提升视线通廊的数量和质量。

6.4 资本与村集体空间功能动态调适

以少数精英决策带来的资本下乡,虽然降低了因意见不一而带来的高交易成本,经济效益立竿见影,但更多负外部性在乡村社会蔓延和积累。应建立资本与村集体的空间功能关联,而且要赋予村集体随着企业的创新、稳定、衰退、复兴等变化而不断调整这种关联的能力,避免企业发展而村集体停滞,脱节分离。

6.4.1 企业进村:不同产业,不同准入标准

从目前资本下乡的产业领域来看,大致可以分为两个类别,分别是以产品生产为中心的生产制造业和以体验生产为中心的旅游服务业。前者的特征是产品生产和消费的时空分离,而后者的特征是体验生产和消费的时空合一。应区别对待二者。

1)生产制造业:以技术为企业准入标准

生产制造企业通常具有较强的分工专业性,擅长促进产业链的纵向发展,但这也意味着对其他行业了解相对有限,在促进产业横向联系方面相对较弱,比如家具制造企业难以进一步为乡村导入餐饮企业、旅游开发企业等以满足新的需求。此类企业通常能带给村集体比较稳定的功能预期。考虑到村集体的农业、工业生产常常面临技术与人才匮乏的窘境,在引

---

① 孟娜. 农业科技示范园的规划设计研究[D]. 上海:上海交通大学,2014.

入企业时应强调技术优先。

积极引入投资建设现代化、智能化、高档次玻璃温室的农业企业流转土地。连栋温室工厂化蔬菜生产虽然占用耕地,但打破了传统农业受自然因素制约的瓶颈。目前国家在配套附属设施面积标准的设定上存在一些不合理之处,应以满足园区的基本生产需要为目标制定细化的管理标准,实行用地承诺、允许、管控与惩罚制度①。运用了先进技术的温室农业园,通过科技提高农业生产效率,降低成本,提高利润,增加收益。对工厂化的生产制造类企业而言,涉足的产业链多,并不一定可以获得更多利润,而是有可能承担一定的成本与风险。设施农业产业链条最终的进化形态应该是分工明确,责任分担,在专业里做到极致②。

优先允许投资有机农产品生产的企业进村。一般情况下,有机产品的价格是其他普通农产品的3倍;相应地,有机农业技术要求更高,经营风险更大,对经营能力有极高的要求。有机农场具有丰富、多样的轮作、套作、间作制度,能够促进乡村生物多样性发展。与设施农业相比,村集体对有机农业企业附带开发农场休憩、体验等旅游功能的行为的监督应更常态化,除非事前对相关旅游用地的类别、指标、选址、游客容量等有所约定。

2)旅游开发业:以惠及村集体为企业准入标准

随着旅游业越来越有多元化经营的倾向,旅游开发企业通常具有较强的促进产业横向联系和资源整合的能力,在既往项目开发运营中通常积累了与房地产、酒店管理、旅行社、餐饮、媒体等行业相关的社会资本,不单单是旅游景区的运营者,更成为进一步招商引资的平台。此类企业难以带给村集体稳定的功能预期。在国家对旅游用地制定完善的法定用地分类体系之前,旅游开发企业的"圈地"目的应该对村集体保持较高的透明度。在创新土地用途、保持营利的前提下充分惠及村集体群体、村民个人。

旅游开发企业如何配置土地用途,尤其是是否开发旅游地产,是确定其能否进村的一个重要标准。旅游开发企业以开发旅游地产为手段回笼资金,甚至旅游开发和房地产开发本末倒置的做法,唯一的利益受害者是村集体。国家禁止开发小产权房,根本目的是限制城市居民个人在乡村长期占有土地,保护农用地。不论对于村集体还是企业,地方政府应将这一规则一以贯之,而不能因为企业支付得起高额"土地出让金""土地租金"而区别对待。如果企业以开发旅游地产为目的之一,应向集体土地的所有者——村集体支付更高的土地有偿使用费。

在景区功能配置上有所保留的旅游开发企业,应当优先进入。农家乐、民宿、地方特色产品销售是少数几类农户可以在旅游开发中充分发挥自主性、灵活性的领域,企业、领导干部的精英主义管理思维应适当让位于民情民生。企业可以承诺在景区核心地块的规划中为村集体专门预留餐饮、村集体特色产品销售等业态店铺,收取最基本的物业费(可逐年提高);企业所经营的住宿产品,其定位和价格应与村民开办的农家乐、民宿形成差异。

①　么秋月.采访实录:有关"大棚房"整治的观点[J].农业工程技术,2019,39(10):24-26.
②　么秋月.科学加持下的玻璃温室才可以"诗意"生产:访北京极星农业有限公司总经理徐丹[J].农业工程技术,2019,39(31):62-65.

6.4.2 村集体土地利用规划动态调整

1) 渐进增长,余量留观

1959 年,林德布洛姆(Charles E. Lindblom)提出了渐进式城市规划理论;1973 年,伯兰奇(Melvile C. Branch)提出了连续性城市规划理论,强调城市规划是连续的行动所形成的产出[1]。乡村的发展不可能一蹴而就,而是处于动态的发展过程中。因此规划设计主体要具备敏锐的洞察力,与有关利益主体不断沟通,关注及识别在乡村营建过程中利益格局的不稳定征兆:一方面,规划应该有所侧重,关注和解决核心问题;另一方面,规划实施应该分阶段进行,每个阶段应该根据该阶段的成果反馈来明晰下一阶段的行动[2]。

一种比较普遍的村庄规划做法是把乡村功能填得非常"满",每一块用地都根据效益最大化的目标得到统一安排。这种规划方式简单地把城市增量规划"价高有能者得"的发展思路沿用到乡村,没有认识到乡村是存量规划,对既有土地使用权主体——农户来说,其能力只有经历逐步提升,才能达到更高效的土地经营水平。由于资本下乡的示范带动作用,很可能目前看来低效的用地,会在相关农户、专业合作社的能力激发下逐渐提高产出。看似充分的规划,反而显得"冒进",如果坚持实施,会增加社会成本。

以较小的社会成本为乡村自主产业发展积蓄备用土地,需要乡村规划采用余量留观策略(图 6-8)。余量留观,就是将超标宅基地比较集中、产业经营状况不佳,但区位优势突出的部分集体土地片区保留、观察一段时间,看看它们在资本下乡后的发展状况有没有达到与

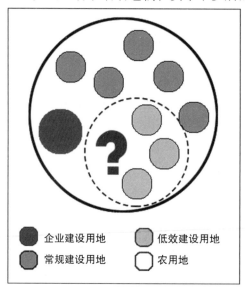

图 6-8 余量留观

资料来源:作者自绘

---

① 赵珂,赵钢. "非确定性"城市规划思想[J]. 城市规划汇刊,2004(2):33-36,95.
② 王竹,孙佩文,钱振澜,等. 乡村土地利用的多元主体"利益制衡"机制及实践[J]. 规划师,2019,35(11):11-17,23.

村庄其他片区相当的水平。如果没有明显的提升,则限制片区内的进一步投资和建设,未来根据规划对其土地进行整理(也能更心平气和地讨论补偿问题)。整理出来的多余建设用地,可以用作休闲农业、旅游业、农产品加工业等不同产业发展用途。通过夯实村集体经济实力,进一步带动农户优化生计方式、创业致富。

此外,作为农村第一、第二、第三产融合的重要载体,集体经营性建设用地对就地延伸产业链有着重要支撑作用。重要的前提是珍惜有限的存量集体经营性建设用地,不盲目地将集体经营性建设用地向城镇产业园区集中。乡村非农产业发展是一个动态的过程,受到宏观经济环境的影响,也受到乡村自身内在动力的影响。不应根据一时发展停滞、空间利用率下降、经济绩效降低而看衰整体发展趋势。随着经济的发展,资本下乡对集体经营性建设用地的需求必然是上升的,存量集体经营性建设用地长远来看还是稀缺的,不应盲目用集体经营性建设用地复垦换取短期的资金收益。

2)溢出承接,优化生计

以技术为支撑的农业企业具有村民所不具备的先进设施、经营模式,如果能够进一步把产业链中从原料生产到品牌设计再到产品加工和物流销售的多个环节在本地整合,会将更多的就业机会留在乡村。此外,通过企业示范,农户能够更直观地把握新的种苗、肥料、农药等的使用效果,有利于跟上现代农业科技进步的脚步。

乡村营建工作要协助村集体和村民充分承接资本农业园的溢出价值(图6-9)。调整村集体农用地的用途、布局和用地指标,以便于专业合作社、农业户从事设施农业、有机农业生产。目前,市场上绿色农产品、无公害农产品和有机农产品让普通消费者难以辨别,也存在部分生产者借助有机农产品进行虚假宣传。专业合作社、农业户从事有机农业,不具备大型企业的品牌优势,为了提升在消费群体中的公信力,往往需要在有机家庭农场中增加与客户现场互动的空间,提供采摘、品尝、交流甚至住宿服务,这就与建设用地发生一定关联。在规划过程中,应与村集体充分沟通,提前给予适当的安排。

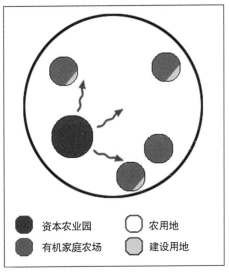

图6-9 溢出承接

资料来源:课题组

旅游企业的进入,也带给农户开拓非农就业机会的资本溢出效应。旅游服务企业为了提高景区的接待水平,会对招聘的本地村民进行全面系统的培训,既有岗位(讲解员、服务员、接待员等)培训,也有普适性的服务意识、规范和礼仪内容的培训。一些培训内容与村集体的经营内容重叠,让村民加入进来,学习必要的旅游服务知识,一定程度上就实现了企业发展惠及村集体的目的。利用旅游企业自身的资源,村集体可以聘请专业人士举办培训班,如烹饪、调酒、咖啡制作等专业知识和技能的学习培训班。

乡村营建与规划在原则上坚持宅基地居住功能和保障性质的基础上,要继续帮助发挥宅基地和村民房屋在村民非农业生计上的工具作用,因为多样化(兼业化)是农户为应对乡村地区季节性收入差异所采取的生计策略。可综合村民生活与生产所需的合理规模,制定"产住一体单元"①的面积限值和空间配比。针对家庭产业在空间和景观上的特征和需求,乡村规划应研制符合产业功能和特色的图则导则,引导当地群众改造和新建村民房屋,优化提升其产居复合环境。

6.4.3　企业与村集体功能调适:精准置换与整理

1) 精准功能置换

精准功能置换,即在前述招商引资的协商谈判过程中,造成企业部分功能"人为缺失",而在村集体空间中补足相应功能(图6-10)。这一过程在资本下乡的初期便完成,利用的是村集体闲置的宅基地、农房、厂房等。

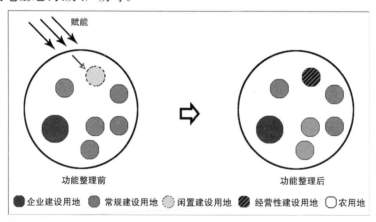

图6-10　精准功能置换

资料来源:作者自绘

员工住宿。工业化生产中,随着分工深化、规模扩大,对不同的岗位有更为专业具体的要求,例如在设施农业中的工作人员需要掌握不同设备运行能力,准确接收传感器的信息反

---

① 朱晓青,吴屹豪. 浙江模式下家庭工业聚落的空间结构优化[J]. 建筑与文化,2017(7):78-82.

馈等[①]。生产制造企业从城镇引进技术人才的力度将不断加大。为了解决企业员工的住宿问题,村集体将闲置农房改建为员工宿舍,由村民充当宿舍管理员,提供保洁、洗衣等日常服务。

农家乐、民宿、特色旅游农产品店铺。由于村民未必都能满足旅游企业的员工招聘条件,以及各种各样的个人特殊原因(如家中有小孩需要照顾),在尊重企业对景区内部业态店铺的管理规章的基础上,由村集体来提供一部分差异化功能是两全的选择。目前,智能手机在城市游客中已经相当普及,门票电子化成为可能。景区可以采取门票一日2次进入等管理手段,方便游客去村民开办的农家乐吃饭,在民宿过夜,逛闲置农房改造而成的特色旅游农产品店铺。

通过功能精准置换,企业被村集体的经济、社会环境接纳,而村集体则提高了土地房屋的利用率,在产业发展中,二者逐渐向形成新的社区迈进。

2)精准功能整理

精准功能整理往往发生在乡村产业扩张发展期。企业采用纵向延伸或横向扩展的方式增加价值链份额,部分企业预留了二期、三期开发用地,尤其是对旅游服务企业来说,容易与其他公司合资经营,新的企业也会入驻乡村,但事先往往无法准确预测,也就无法告知村集体。在充分把握产业发展形势、评估自身发展能力的情况下,后者要与企业保持相对一致的步调,对既有功能空间进行整理、归并,"挤"出土地,满足所需(图6-11)。

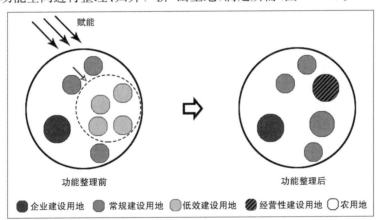

图6-11 精准功能整理

资料来源:课题组

电商服务中心。农产品生产企业生产规模扩张,通常对加工、物流有更高的需求。对农业户、农业专业合作社来说,从产地到餐桌,能减少流通环节的"中间商赚差价"。电商服务中心能帮助村集体成员解决销售问题。

特色旅游产品产销综合体。当旅游景区的游客容量逐步上升时,原有的个别店铺空间

---

① 么秋月. 科学加持下的玻璃温室才可以"诗意"生产:访北京极星农业有限公司总经理徐丹[J]. 农业工程技术,2019,39(31):62-65.

未必能满足需求。产品加工、品牌化经营也对空间提出了更高的要求。产销综合体能很好地将加工环节和销售环节整合在同一区域,独特的空间环境设计能提升游客对特色产品的信赖度和好感度,便于将产品品牌向城市市场推出。例如,在以薰衣草等花卉种植为特色的日本北海道富田农场,将花卉商品购物与提炼精油、香水制作等加工流程设置在相互邻近的小屋中,让游客对商品有了更加深刻的视觉、嗅觉印象。

6.5　产业文化特色与景观风貌共塑

第2章叙述了乡村集体空间的上下互动营建模式和"资本空间"的一元主导营建模式在景观风貌方面的差异,根据产权理论并顺应前文对农宅和宅基地产权抵押贷款的建议,景观风貌外部性内在化将成为主体性增强的村集体和工商资本的共同追求。地理和文化差异综合了不同主导产业特征,形成了乡村产业文化特色与景观风貌[①]。

6.5.1　资本参与生产制造型乡村

1)生态适宜原则

资本参与生产制造型乡村的景观风貌应以生态环境保护优先,遵循自然地貌特征。新建园区避开乡村中生态环境脆弱和原生植被丰富的生态空间,保证景观生态安全格局。在山地丘陵地区,应根据地理特征如坡度、高差等,在临水域地区,应根据防洪排涝、水域性质等,划分禁止、限制、适宜建设区,为建设提供依据。

2)建筑体量控制

传统乡村的"人地共生"既体现了人们对传统风水理念的遵循,又反映出营建技术和材料的限度,使建筑和聚落在很长的一段历史时期内维持适宜的体量,从而有机融入山水田园的自然环境中。现代产业发展向乡村空间形态与格局提出了量的增长、质的提升的双重需求,实现保护与发展的平衡,是乡村景观可持续发展的必然要求。通过控制建筑体量,防止规模过大的工业"异质体"[②],避免尺度失衡带来的风貌破坏。

3)建筑风格的地域性与科技化

建筑材料和建造技术影响了乡村景观风貌特征。传统乡村营建大多就地取材、由工匠实践传统建造技术完成,形成鲜明的地域性建筑风格。随着时代的发展,建筑材料的种类极大丰富,而众多乡村劳动力参与大规模城市化建设也让现代施工技术在乡村得到普及,传统工匠反而稀缺。尤其在一些经济发达地区的乡村,建筑风格城市化、混合多样。资本下乡,应当在地域性建筑的营造上起到示范和引领作用。例如在企业园区的营建中,在部分建筑(如体现农耕文化的建筑)的细部设计中应用地方本土材料、工艺做法的创新设计(图6-12)。

---

① 李王鸣,楼铱.乡村景观的产业机理分析:以浙江省安吉县的乡村为例[J].华中建筑,2010,28(1):117-119.
② 李翅,吴培阳.产业类型特征导向的乡村景观规划策略探讨:以北京市海淀区温泉村为例[J].风景园林,2017(4):41-49.

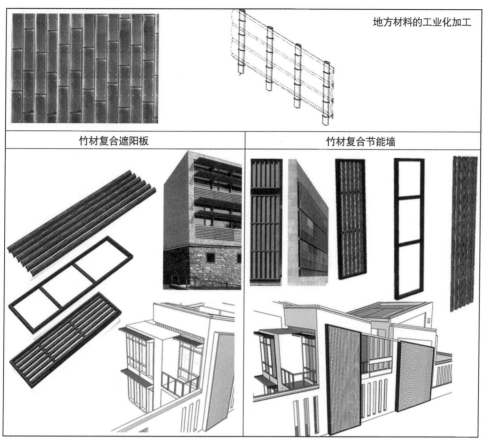

图 6 - 12　建筑的地域性

资料来源:课题组

　　以生产制造业为主的乡村景观风貌客观上应以科技化为本底,新型农业、高新产业中的生产型建筑能够为乡村风貌注入新鲜的活力。以多利农庄为例:作为有机蔬菜生产基地,育苗大棚成为一道亮丽的风景线;钢和玻璃的简洁现代造型,通过整齐的规划,成为重要的乡村景观元素。

6.5.2　资本参与旅游开发型乡村

1)资源保护原则

　　乡村旅游资源是旅游开发型乡村的核心。然而,旅游资源容易被过度开发和利用,从而造成资源破坏,发展不可持续。在资本下乡之初,应对乡村旅游资源进行全面的掌握,共同就资源开发区域与限度设定原则,并投入足够的保护资金。少数民族、传统村落等人文资源保护,应控制外部文化对本土文化的侵蚀,避免现代化元素对人文资源的过度冲击;水资源保护,应控制垃圾与污水对水质的影响,完善相关基础设施,避免在开发建设中过度改变河道走向,减少从工程安全的单一角度出发对自然驳岸的统一硬化行为;农用地资源保护,要限制休闲观光范围与游客流量,避免土壤板结和植被退化①。

2）物质层面

保持乡村的原始地形地貌特征和自然风光。要把对旅游开发区域有直接影响的山水、田园空间都列为景观风貌协调区。山林对改善微气候、涵养水源、净化空气起到十分重要的作用,积极维护并改善森林群落的生物物种多样性和稳定性,丰富其植被结构层次,使之成为乡村旅游的大背景。借鉴生态安全格局理论,将与水体的空间距离作为控制要素,对低、中、高三个安全生态区建设行为进行原则控制:优先在低安全生态区开展建设;在中安全生态区的开发建设应适度;禁止在高安全生态区实施项目建设和开发,使水域空间向陆域空间自然过渡②。农田是一类特殊的景观,需要投入较多的劳动力,但其景观价值常常无法得到体现。工商资本应就农田景观维护与村集体达成协议,使相关农户得到应有的酬劳。

建筑是乡村旅游开发中最主要的人造物。农居建筑与旅游相关的商业建筑可通过屋顶、墙体色彩进行协调。新建建筑以坡屋顶的方式与传统建筑形态相契合,注意对坡度的控制,宜选用哑光、低彩度的材质,使建筑显得稳重。未必要求将墙体一律刷白,可考虑采用高明度、低彩度主色调与辅助色调协调,优先选用涂料和哑光面砖材质,使墙体在整体统一的前提下有一定的变化。

旅游型乡村风貌中的人造物还包括器具、手工艺品。乌镇的印花蓝布是以"物"作为重要的旅游吸引点的典型案例,围绕印花蓝布打造包括印染工艺展示、工坊展示和旅游纪念品销售等在内的系列旅游产品,随风飘动的蓝布成为乌镇一道独特的人文景观。

3）节事层面

节事也是一种重要的乡村旅游吸引物,是乡村人文景观风貌的塑造者。狭义的乡村节事仅是基于乡村社区的节庆活动,但在旅游开发中,也包括经过策划的节事。乡村节事的主办方包括地方政府、工商资本以及乡村社区等。通过大范围公告节事日程安排,并进行宣传以吸引游客前往;将节事过程公开展示,烘托现场气氛;再将节事效果进行回顾,为下一次活动做好准备。

法国乡村旅游企业在地方政府举办节事活动期间,将游客吸引到农场、乡村别墅酒店,并提供休闲放松的项目服务③。瑞典在乡村节事运作中,联合了多元主体,由地方政府投入公共资金并发挥政策引导作用,由企业开展资本运作和商业营销,充分获得乡村居民的支持并激励他们积极参与,使节事收益最大化,达到合作共赢的目的④。我国各地已经涌现出由地方政府主办的知名乡村节事,包括北京大兴西瓜节、上海南汇桃花节等⑤,对具有吸引力

① 游洁敏.""美丽乡村"建设下的浙江省乡村旅游资源开发研究[D].杭州:浙江农林大学,2013.
② 王竹,朱怀.基于生态安全格局视角下的浙北乡村规划实践研究:以浙江省安吉县大竹园村用地规划为例[J].华中建筑,2015,33(4):58-61.
③ 方中权,郭艺贤.法国乡村旅游产品的营销及其经验:以 Le Relais de Chenillé 公司为例[J].人文地理,2007(5):76-79.
④ 戴林琳.从城市到乡村:节事及节事旅游在乡村地域的发展动因及其应用前景[J].地域研究与开发,2012,31(6):76-81,86.
⑤ 孙琴.乡村节事对乡村旅游的推动作用研究:以上海桃花节为例[J].现代商业,2013(19):92-94.

的乡村休闲农业资源进行挖掘。节事促进乡村旅游消费,为乡村树立旅游地品牌形象,使乡村资源得到更充分利用。

6.6　小结

以多中心治理理论的本土化为指导,本章明晰了多元主体利益平衡的目标,是要让村集体的发展诉求与工商资本和地方政府的经济与政治利益相结合,通过信息沟通和互相协作,共同决策与实施乡村规划与建设行动,持续增强产业发展的内在动力。提出多元主体利益平衡的乡村营建目标空间——"精准赋能空间",界定精准赋能为地方政府对不同禀赋乡村适应市场经济和现代化发展的内在动力的针对性强化,使村集体具有对产业结构调整和土地用途转换的决策力、行动力以获得产业发展的内在动能。阐明精准赋能空间的营建模式,是乡村产业发展在空间形态上的实现过程。

从村集体的主体性增强、产业重组与空间重构、资本与村集体空间功能动态调适、产业文化特色与景观风貌共塑等四个方面论述了精准赋能空间的营建策略和实施原则。以土地利用政策弹性供给和金融支持输入、建立延续集体价值的农户合作社、发挥能人经纪的战略领导作用、导入社会资本与村民参与制度等强化村集体的主体性。采取产业结构调整、空间形态整体优化、基础设施串联与共建、柔性界面设置的策略实现产业重组与空间重构。对不同产业企业适用相应准入标准、动态调整村集体土地利用规划、精准调适企业与村集体空间功能以建立资本与村集体空间功能动态关联,避免企业发展而村集体停滞,脱节分离。针对生产制造和旅游开发两种资本下乡类型提出产业文化特色与景观风貌共塑的原则。

7　实证研究:安吉碧门村的营建方法

7.1　产业发展困局的把握与分析

7.1.1　村情概况:旅游度假区边的竹加工业村

1)村庄区位

碧门村隶属浙江省湖州市安吉县灵峰街道,南邻霞泉村,北接城南社区,东与昌硕街道、杭州市接壤,西与天荒坪镇交界(图7-1)。碧门村属半山区,东、西部为山地,中部相对平缓。港口溪由南至北流经村域,水域广阔,水量丰富。清代诗人王显承在《竹枝词》中描画了碧门村的山水人居环境:"遥怜十景试春游,东岭迢迢一径幽。记得碧门村口去,篮舆轻度到杭州。"

图7-1　区位

资料来源:课题组

　　碧门村是于 2014 年经行政区划调整并入灵峰街道的，灵峰街道与灵峰度假区管委会属于"一套班子、两块牌子"，集行政管理与平台经营于一体。度假区内旅游资源丰富，有龙王山自然保护区、灵峰寺景区等旅游景点。作为县域规划中"环灵峰山休闲产业环"的重要组成部分，灵峰街道（灵峰度假区管委会）积极与工商资本合作，打造灵峰山休闲旅游板块，推动高端休闲项目、文体项目落地建设。

　　2）人口与产业发展状况

　　碧门村辖青山、碧门、黄母口、浒溪口、沿景坞 5 个自然村，S04 省道南北向穿村而过（图 7 - 2）。2015 年全村户籍人口 1725 人。耕地面积 1033 亩，主要种植蔬菜水果等经济作物，兼种水稻；山林总面积 11 622 亩，其中毛竹林 7841 亩。

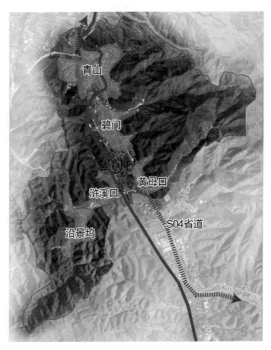

图 7 - 2　自然村分布

资料来源：课题组

　　20 世纪 90 年代，依托优越的地理位置、便利的交通条件、丰富的竹资源条件，碧门村以家庭作坊的形式走上了机制竹凉席的乡村工业化道路，家庭作坊遍地开花。目前全村有大小企业 130 余家，其中竹制品行业有 85 家。全村 60％的劳动力从事竹加工业，人均年收入 2.5 万元。碧门村规划总图、空间规划结构、人居子系统、公共服务设施子系统见图 7 - 3 至图 7 - 6。

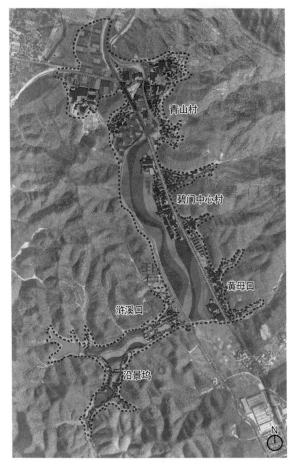

图 7 - 3　碧门村规划总图

资料来源:课题组

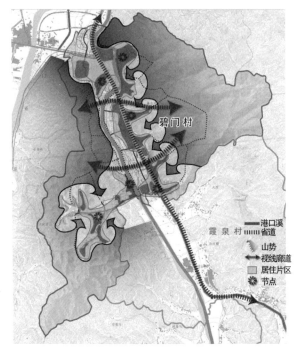

图 7 - 4　"一带、一线、双廊、四片区、多节点"空间规划结构

资料来源:课题组

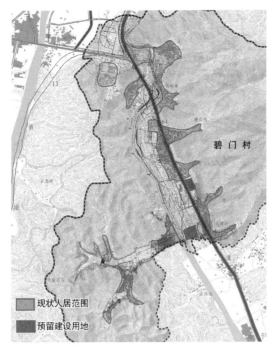

现状人居范围

预留建设用地

图 7-5 人居子系统

资料来源:课题组

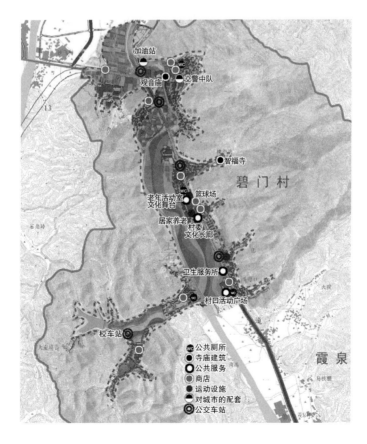

图 7-6 公共服务设施子系统

资料来源:课题组

7.1.2 多元主体利益冲突的困境

对产业发展与乡村空间现状的调研明晰了碧门村多元主体利益关系的困境。

1) 工业

工业是碧门村的支柱产业,但违章建筑问题使得大小企业承受了各级地方政府的压力,使村集体与灵峰街道之间的关系更加紧张。

20世纪90年代,为响应国家政策,碧门村村民创业热情高涨,利用房前屋后空间搭建工棚发展家庭作坊,占用部分耕地建造厂房发展私人企业。经营者钱包鼓起来了,但优美的环境、开阔的视野却消失了,农房外部空间逼仄,断头路较多,家庭作坊的工棚影响了住房的采光通风效果。家庭作坊经营户和私人企业作为小微企业面临的市场环境也日趋繁杂,生存愈发艰难:以竹凉席为主打产品,生产销售淡旺季差异明显;低端竹凉席通过传统渠道销售困顿,资金回流慢。2008年金融危机中,碧门村25%家庭作坊破产倒闭,年久失修的工棚影响了村容村貌(图7-7)。

图7-7　破败工棚

资料来源:课题组

各级地方政府治理带给碧门村工业发展额外的压力。浙江省政府在全省深入开展"三改一拆"三年行动。碧门村少数私人企业厂房用地手续不全,部分家庭作坊钢棚随意搭建,都成为"三改一拆"的整治对象。按照《安吉县土地利用总体规划(2006—2020年)》(2013年修订版),2020年安吉县将形成"两区、七园、多点"的工业用地空间布局结构,像碧门村这样的工业聚集点,如果不能强化自身产业特色,2020年后可能被逐步引导退二进三、工业向两区七园集中。作为碧门村的直接行政上级,灵峰度假区管委会自2015的开始积极申报创建以乡村旅游为主题的国家级旅游度假区,同时招引符合度假区产业定位的高品质项目落地,而碧门村恰恰处于S04省道从杭州到灵峰度假区的必经之路上,因此"一切围绕'国旅'转"

的灵峰街道十分重视碧门村的村容村貌问题。

村干部处于两难的境地。各级地方政府的治理要求,都统一指向了村内的违章厂房、工棚,需要将其拆除,作为地方政府基层代表需要尽力完成。但在乡村这个熟人社会中,拆了厂房和工棚,村民生计就成了问题;如事先不妥善安排新的出路,就会影响村集体团结和社会稳定。

2) 休闲农业

2017 年初,浙江安吉金裕旅游开发有限公司(以下简称"金裕公司")计划在碧门村打造一个生态高效农业园,总体规划面积 450 亩左右,总投资 1.3 亿元。建设内容包括温室、农产品加工用房、综合楼、采摘园、生态餐厅以及其他休闲旅游设施。金裕公司意图投资的农用地,位于中心村最大居住组团西侧,是碧门村村集体通过与村民协商,基本达成反租意向的 740 亩承包地的一部分(图 7-8)。对于一直以来积极招商引资的灵峰街道而言,显然是乐见农业园项目落地的,因为这会带来多重政绩效应,包括推进农业规模经营,有利于碧门村新农村建设,示范乡村休闲农业发展,等等。

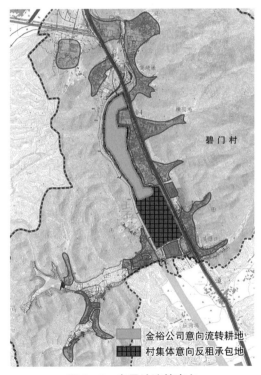

图 7-8　农用地流转意向

资料来源:课题组

休闲农业园开发对于专业从事农业、工业生产的村民来说难度不小,由金裕公司来运营确实有更高的可行性。一个例证是位于青山自然村北部的金手指果蔬精品园,由专业合作社经营,主要从事干果种植销售以及中药材技术推广运用和种苗扩繁等业务,同时接待散客参与葡萄、草莓采摘等传统农业观光项目,但难以向休闲旅游业拓展,因为专业合作社既缺少餐饮、娱乐设施的建设资金和管理团队,也无法与各类旅行社建立业务关系。

不过,该以什么样的价格流转农用地,以及金裕公司流转农用地后会不会转变土地用途,成了反租倒包签约的障碍。村集体的前车之鉴是位于 S04 与 S205 省道交会处北侧的安吉迎客松花木场事件。2005 年,花木场老板向青山自然村三队村民流转了 10 亩土地种植苗木,但 2010 年开始转而从事松树皮加工,经过发酵等工序后,再作为花木肥料出售,场地上堆成一座座小山一样的松树皮连同其散发的异味严重影响环境。村集体多次与之沟通,但老板为了经济利益未采取改正行动。最后,村集体不得不求助于灵峰街道,灵峰街道城管、国土、工商、街道绿化办、征迁办等多个部门联合行动,以改建公园的名义对这块土地实施征用。而且这次因为"三改一拆"而造成村民与灵峰街道关系紧张,使得农业园项目落地又多了一些问题。

7.1.3　转机:美丽乡村精品示范村营建

此时,浙江省各级地方政府对"美丽乡村"创建工作的财政和政策支持,成了推动破解碧门村利益困局的重要力量。各级地方政府对"美丽乡村"精品示范村创建工作的高额奖补资金为碧门村开展违建整治和乡村营建行动提供了经济助力。安吉县是 2013 年首批浙江省财政厅"推动'一事一议'财政奖补政策转型升级、促进美丽乡村试点工作"试点县。安吉县制定出特色村、重点村、精品村三类美丽乡村标准,创建达到相关标准能够获得人均 250 元、500 元、1000 元的奖励。安吉县"中国美丽乡村"精品示范村创建期为 2 至 3 年,第 1 年为创建年,第 2 年开始考核验收并给予奖励,第 3 年原则上为创建考核验收截止年。

灵峰街道的美丽乡村精品示范村创建早在 2014 年就已启动。围绕"环境优美如画,产业特色鲜明,集体经济富强,文化魅力彰显,社会管理创新,百姓生活幸福"六方面的建设内容,按"村村优美、家家创业、处处和谐、人人幸福"四大类设置 45 项硬性考核指标,横山坞村和剑山村先后创建成功。对碧门村而言,本次规划同时也是以获取工业转型、休闲农业发展的经济利益和公共空间与服务为主要目标开展的乡村"利益平衡"治理行动。

7.2　产业调整与空间形态优化

7.2.1　特色资源识别与产业调整

目前,连片的耕地位于中部的碧门中心村和黄母口自然村西侧,其余自然村的耕地相对零散。厂房的分布自青山自然村、碧门中心村、黄母口自然村北向南逐渐减少。青山、碧门、黄母口的农居规模大、用地紧凑,家庭作坊也主要分布在这三个农居点;浒溪口、沿景坞的农居规模小、居住分散。经过调研与村两委的交流,课题组完成了碧门村资源价值评估,识别了三个资源特色片区:北部企业密集区、中部家庭作坊区和西部生态农居区(图 7-9)。

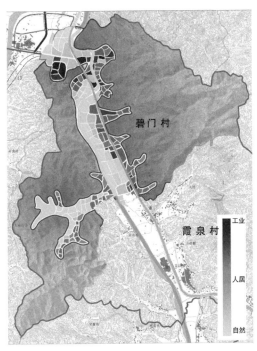

图 7‑9　碧门村资源特色片区
资料来源:课题组

1) 北部企业密集区

北部企业密集片区具有突出的交通和区位优势,港口溪从中部穿越,工业空间特征鲜明。片区内的耕地被工业用地、宅基地切分得支离破碎,不过对于老人以及半工半耕的农户来说不算问题。这里的乡村工业用地都是自 20 世纪 80 年代起逐步占用耕地而形成的,受到安吉县山地多、平地少的地理因素制约,工业企业与农居组团毗邻,相互包围。企业平均用地规模大,厂房建筑周边有用于原材料装卸、晾晒、整备等户外作业的室外场地(图 7‑10)。课题组认为,在用地手续齐全的前提下,这些存量集体工业用地是一种稀缺资源。

图 7‑10　厂房外部空间
资料来源:课题组

北部企业的经济能人——村民企业家,是村集体重要的人力资本,是碧门村工业竞争力的重要因素。相比家庭作坊户,村民企业家更善于分析消费者需求,根据需求信息调节生产,也能把握市场潜在需求所带来的发展机遇,其社会关系网络能提供来自非正式和正式渠道的信息,使企业能维持长期生存。村民企业家更能赢得家庭作坊经营户的信任,形成村集体内部"企业+经营户"的专业合作组织,增强专业合作组织内部凝聚力。根据村民企业家的发展战略,"精准赋能"土地用途转换,对推动整个碧门村的违建拆除行动顺利实施,逐步实现就业安置具有重要意义。

2)中部家庭作坊区

中部家庭作坊片区拥有规模最大的连片耕地,是金裕公司农业园项目的意向选址所在。港口溪在连片耕地西侧静静流淌,农户聚居组团大,家庭作坊密集。课题组总结了经营户自主建造的家庭作坊空间类型(图7-11)。

课题组认为,大量家庭作坊是村集体的中端技术、经营、管理人才资源的储备来源。个体工商户通常比农业户和进城务工农户更具有商业冒险精神。"精准赋能"被拆除了违建钢棚的家庭作坊经营户,可以跟随村民企业家,利用前者的信息优势,进行生计转型的积极探索;也可以与金裕公司合作,承租农业园中的经营项目,如餐厅、住宿等。

此外,村集体反租的农用地,被金裕公司流转后还剩余近400亩,可以作为产业发展储备用地资源,留待在村集体资金和人才储备充分后自行开发经营。

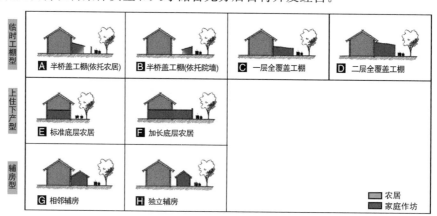

图7-11　家庭作坊空间类型

资料来源:课题组

3)西部生态农居区

西部生态农居区自然景观特征相对突出,沿景坞水库环境氛围幽静闲适。这里农居规模小,很少有家庭作坊和厂房建筑,极富田园特色。村民大部分在村内企业、作坊打工,或者外出工作,因此人力资本和人才资源是相对其他片区的能力短板。应推动散居的农户集中居住,保护和强化山、水、田连片的景观,以便于未来开发与金裕公司农业园项目有差异的乡村休闲旅游项目。

由此得到碧门村"三位一体"的产业景观系统(图7-12)。

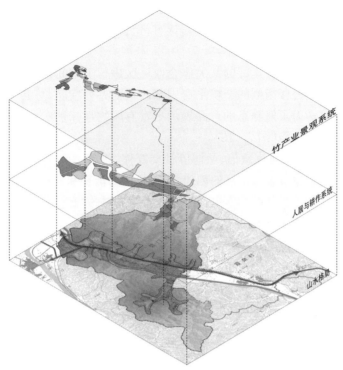

图 7‑12　碧门村"三位一体"的产业景观系统

资料来源：课题组

7.2.2　工业：虚拟营销，实体空间支撑

乡村产业发展需要顺畅、开放的信息共享机制作为保障。完善的信息共享机制可以消除经营户、合作社、企业、市场的信息不对称，促进合作，最终实现村集体内部利益共享的目标。目前村内一个新崛起的销售模式是"网络电商＋竹制品"。一些村民企业家察觉到传统销售方式的弊端，利用互联网发展竹制品批发业务，极大程度地降低了交易费用，大幅度提升了交易效率。有的甚至关停了自己的企业，将厂房出租或者配合"三改一拆"的钢棚拆除行动，与村内其他生产企业洽谈合作事宜——线上销售的事情由他们负责，企业只需专心抓生产保质量。

农户、专业合作社、企业可利用信息技术和物联网的创新成果，探索发展订单竹制品加工业。以淘宝、阿里巴巴、旅游 App 等作为碧门村竹产业的销售平台，可以进行大数据分析，充分了解和挖掘既有和潜在需求，并将消费者需求、满意度等信息实时共享，优化经营决策，开展以改善消费者需求为导向的竹产品设计研发，提高顾客价值，在市场竞争中以产品独特性赢得竞争优势。

实体空间支撑虚拟营销有两个诱因。首先，要满足电商增长对办公空间的需求。乡村熟人社会的人际关系环境有利于信息的获取和传播，从而使个体行为迅速外溢，成为群体性行为。从我国电商村的发展经验看，少数村民企业家市场创新成功后，周边村民争相效仿，能迅速形成一定规模。网店的经营运行主要依靠电脑、互联网等工具，村集体集中安排，能减轻村民负担。其次,O2O(Online To Offline)需要塑造实体空间形象。根据网络市场O2O融合的大趋势,实体店的价值将被重新认可,销售以线上为主,线下配套体验服务,是电商发展的大趋势①。

课题组对位于北部企业密集区的某关停企业厂区进行了空间重组设计,改造为竹制品展销创业园。将既有办公楼南侧的2幢平房内部改造为办公空间,总共4幢办公用房满足近期电商发展的需求。为了使静态的产品展示更富有购物趣味性,为紧邻室内外展销空间的建筑安排了加工展示功能(图7-13)。

在互联网环境下,可以通过微信、微博等社交媒体、旅游App进行营销,增加媒体曝光度以捕获潜在消费者。通过虚拟社区的创建,组织竹产品消费和竹加工作坊、竹工厂旅游体验的交流,既实现消费者之间的互动,也提高消费者对乡村的"黏性"。

加工区域

展示区域

竹廊设计

展销空间设计

图7-13　工业:虚拟营销,实体空间支撑
资料来源:课题组

7.2.3　休闲农业:三个要求,肌理维育

对金裕公司的农业园经营内容提出原则性要求,包括智能设施、农产品品牌经营与升级版农业观光三个方面。

在智能设施方面,要求以科技为支撑,培育高档品种,形成规模化的设施农业生产基地。建造智能玻璃温室,控制土壤、肥料品质,以期获得挑剔客户的信赖。

在农产品品牌经营方面,要求提升产品的市场知名度与认可度。从农产品生产到加工追求卓越,与可靠的物流公司、渠道商合作,带动本地农业专业合作社,为其提供种苗、农资服务,进行技术和经营模式的知识溢出,帮助其改善农产品"卖难"的问题。加强与周边景区

①　朱康对,朱呈访,潘姬熙."淘宝村"现象与温州网络经济发展:基于永嘉西岙"淘宝村"的案例研究及政策建议[J].温州职业技术学院学报,2015,15(1):23-26.

协同发展,联手打造休闲旅游线路,推进整体营销。

在升级版农业观光方面,要求完善生态餐饮、农业科普、游憩娱乐等深度体验项目的建设和管理,为会员客户和游客提供多种休闲农业体验,提升旅游服务品质,成为灵峰度假区休闲农业的示范和标杆。

农业园在对耕地进行整理的过程中,在满足生产经营要求的同时,应注意与未流转耕地、居住组团的协调,维持和培育具有整体性的片区肌理。课题组根据居住组团内的东西向的道路走势,以及耕地内既有的南北向的田埂,将农业园划分为"一轴十一区"的斑块肌理,平均斑块面积为40亩,以期引导和控制园区建设规划与经营行为(图7-14)。

图 7-14　农业园"一轴十一区"肌理维育

资料来源:课题组

7.3　基础设施与柔性界面共建

7.3.1　休闲农业-居住融合:设施共建

1) 农业园-农居区道路系统

在农业园与农居区建立三级道路系统:省道 21 m 宽,双向四车道含人行道;农居区车行主干道 5～6 m 宽,两车道含人行道;农田及滨水步行道 1～2 m 宽(图 7-15)。农居区四条东西向车行主干道分别与农业园区内的步行道贯通,既便于园区物流进出,未来也可以便捷地对园区内各个休闲农业板块的服务接待功能做补充,如餐饮、手工作坊体验等。

2) "俱乐部建筑":文化舞台

将农居区内废弃的危旧农宅拆除,将整理得到的建设用地重新围合建造文化舞台,作为休闲农业园与村庄共同使用和维护的"俱乐部建筑"(图 7-16)。位处两个片区的交界位置,与路网连通,具有良好的可达性。文化舞台可结合竹构造设计,强化碧门村的产业特色。

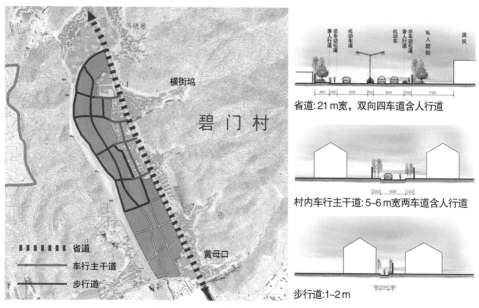

图 7-15 农业园-农居区道路系统
资料来源:课题组

图 7-16 "俱乐部建筑":文化舞台
资料来源:课题组

7.3.2 工业-居住融合:柔性界面

1)缓冲集散地带:黄母口景观小广场

黄母口自然村向西进入浒溪口、沿景坞自然村的三岔路口处,两幢工业厂房与农宅紧邻,道路狭小,居住环境品质也受到一定影响。综合考虑到未来西部生态农居区的发展和车辆的进出，课题组建议村集体将农户拆迁安置，整理工业厂房之间的场地，建设景观小广场，成为村民居住与企业生产之间的缓冲地带（图7-17）。建造景观亭遮阳避雨，成为休闲活动的场所。在小广场内种植香樟树、竹子等村内常见树木，增加自然的亲和力。景观小广场与此处原有的公交车站也形成呼应，为乘客提供较好的候车体验。同时拓宽原有道路，为进出车辆提供足够的转弯半径。

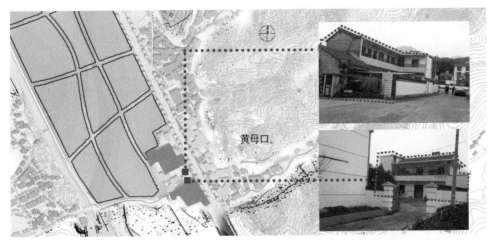

图7-17　缓冲集散地带：黄母口景观小广场

资料来源：课题组

2）开放空间与视线通廊：滨河公园

北部企业集聚区有多处违章厂房，其中之一位于港口溪东侧，厂房南侧和东侧均为农居区。课题组建议村集体利用本片区山丘环绕、港口溪一带贯之、小块农田点缀的特点，结合港口溪疏浚工程，在拆除违章建筑后将开放性场地改造为具有一定休闲健身设施的滨河公园,结合农居区的道路走向,使之成为连通东侧丘陵山地景观的视线通廊(图 7 - 18)。

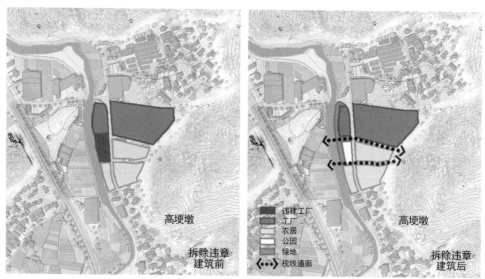

图 7 - 18　开放空间与视线通廊:滨河公园
资料来源:课题组

7.4　渐进发展的空间功能调适

7.4.1　产业开发的时空弹性导控

对既有工业用地进行整治,并将部分区域设为留用区,为未来产业调整发展留有余地。依据各个不同地块的既有资源特征,明确片区产业功能、提高空间利用率,将北部定位为"产、展、销一体化"的创新竹产业区,中部则提升空间品质转型为"休闲农业园+参观式竹工坊"的三产融合片区,西部零散农居则依托优美的自然风光形成山水田休闲区。在整个过程中,第二产业的"退"和第三产业的"进"相同步,资本的"引入"和村集体的"赋能"相协调,降低整体失衡风险。

乡村的发展是渐进的,依据乡村占有资源情况逐步分期实施、动态实践。目前,北部的创新竹产业园和中部的三产融合片区违建较多,利益冲突复杂,具有优先实施的必要,对电商办公楼修缮更新,对家庭作坊开展菜单式改造,对金裕农业园项目的落地同步推进。在村集体有了一定资本和资源积累,休闲农业园带来较大的游客量后,利用集体经济优势将西部的零散农居区打造为休闲度假的民宿区将具有较大的可行性(图 7 - 19)。

7.4.2　精准功能置换与整理

近期建设的竹制品展销创业园,功能置换产生了 4 幢办公用房满足碧门村发展电商所需。办公楼东侧靠近园区入口广场处,设置为接待洽谈空间,便于碧门村电商与外来采购商面对面交流。园区东侧在保留了一部分厂房的基础上,安排了室外展销空间。为了使静态的产品展示更富有购物趣味性,将紧邻展销空间的厂房建筑置换为加工展示区域。

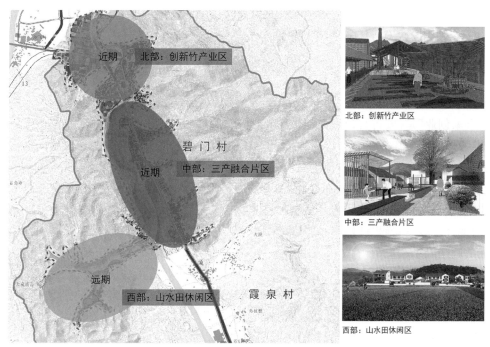

图 7‑19 产业开发的时空弹性导控
资料来源:课题组

远期计划将部分办公用房拆除,建造为电商综合楼,为创业者提供更好的空间环境。此外,在园区北部增设食堂、礼堂、咖啡吧等,既能为园区服务,也可以向碧门村村民开放(图 7‑20)。

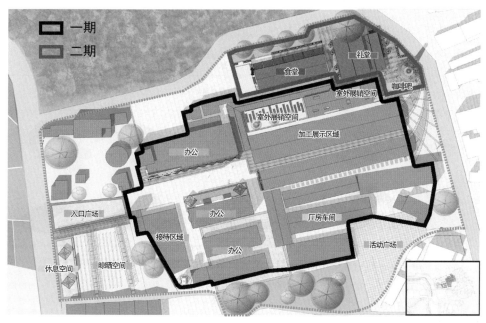

图 7‑20 园区精准功能置换与整理
资料来源:课题组

7.5　竹产业文化特色空间营造

7.5.1　家庭作坊空间

"家家创业"是《安吉县建设"中国美丽乡村"精品示范村考核验收办法（2015 年修订）》四大类考核指标中比较符合碧门村现状的。不过由于较长时期内建设监管的缺位，村内不断地加建行为造成了乡村整体环境品质的下降，应进行空间环境整治升级。

家庭作坊的产居空间形式有院落型、辅房型、叠合型，其中院落型、辅房型占地面积较大。在规划策略制定上，基于宅基地和村民房屋是农户创业物质载体的现实，充分尊重家庭作坊的生计发展，引导生产端向销售端的优化，在厂房工业区的电商创业园为其预留发展空间，在微调中维系利益平衡。

梳理乡村现有产居关系的空间图谱，根据村民产业转型选择，进行分类整改，逐一给出相应"菜单式"调整策略（图 7‑21）。对于放弃家庭作坊的农户，则拆除工棚、辅房，恢复景观。对于仍有经营需求的家庭作坊：引导院落型作坊采用开天窗等构件改造手法；鼓励辅房型作坊营造竹产业的文化特色；叠合型作坊则以环境整洁为重点。

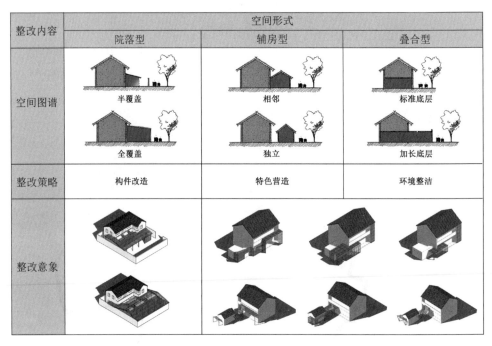

图 7‑21　家庭作坊整改菜单

资料来源：课题组

7.5.2　创业园区与公共空间

竹制品展销创业园将"退二进三"，将原有生产功能置换为生产、电商及展示等多种功能,需要对部分保留建筑的外立面及出入口空间进行改造,增强场所感。课题组以提供改造可选模式的方式,帮助相关企业进行厂房整治升级(图7-22)。

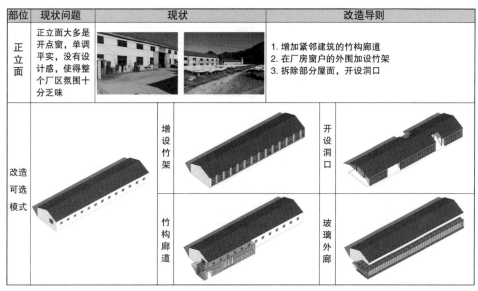

图7-22 园区厂房建筑改造可选模式
资料来源:课题组

同时,清理场地中堆放的垃圾,增设绿化盆栽及指示牌等,改善园区内的景观环境。

公共空间的营造亦以竹产业文化特色为导向。在滨河公园建设中,以当地盛产的竹子搭建竹廊,用来展示竹加工产业特色和地域文化;按照功能分成三个区块,对应于三个阶梯高度,随地势下降亲水性增强:第一阶梯为聚集功能,提供广场舞场地;第二阶梯设置健身设施;第三阶梯以沿河观景为主(图7-23)。滨河公园既呼应和补充了金裕生态高效农业园中的生态餐饮、农业科普、游憩娱乐等深度体验功能,又通过社交、健身、赏景空间的营造使村民的社会、文化、生态利益与产业发展的经济利益得到同步提升。

7.6 小结

本章在对碧门村多元主体利益困局进行把握和分析的基础上,从产业调整与空间形态优化、基础设施与柔性界面共建、渐进发展的空间功能调适和竹产业文化特色空间营造等四个方面详细描述了碧门村的营建过程,验证了多元主体利益平衡的精准赋能空间营建模式对现实的指导价值。

根据课题组对碧门村的追踪,竹制品展销创业园成为首个建成项目。与课题组对企业厂区进行空间重组的较为保守的土地利用策略不同,碧门村的乡村能人发挥了战略领导作用,在与灵峰街道(灵峰度假区管委会)的博弈过程中配合"三改一拆"换取了土地利用政策弹性供给,将中心村村委办公楼东侧空地用于建设,命名为"碧门村竹产业发展文化展示中

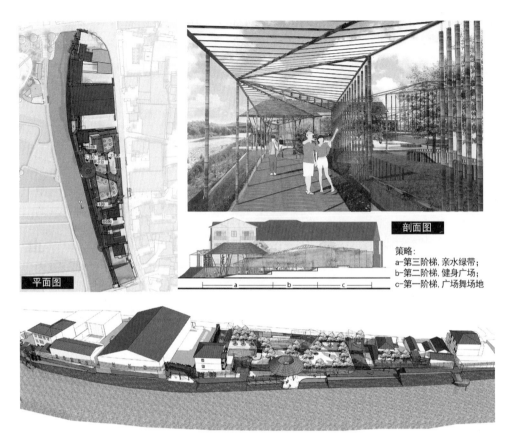

图 7‑23 滨河公园的竹产业文化特色

资料来源：课题组

心"(图 7‑24)，涵盖了电子商务服务、竹产品线上线下体验和碧门村竹产业发展文化、特色产品展示等功能；将村委办公楼西侧耕地转为建设用地，新建 2 层办公楼，用于电商办公(图 7‑25)。村股份经济合作社为项目建设资金提供了支持。以上事实表明，村集体的主体性得到了增强，村民利益得到了维护和发展。

图 7‑24 碧门村竹产业发展文化展示中心

资料来源：http://13339793.s21i.faiusr.com/2/ABUIABACGAAgxY_a0QUoq9W4pQQw7A44iAQ.jpg

图 7 - 25 碧门村电商办公

资料来源：http://13339793.s2li.faiusr.com/2/ABUIABACGAAgiu6O0QUo6JeAdzCgBjiUBA.jpg

8   结语

从党的十六届五中全会做出"建设社会主义新农村"的重大战略决策,到 2018 年中央一号文件《中共中央国务院关于实施乡村振兴战略的意见》提出"产业兴旺、生态宜居、乡风文明、治理有效、生活富裕",国家对乡村产业发展提出了更高要求。由于具备资金、技术等要素的工商资本受到地方政府欢迎,资本下乡成为影响乡村空间与功能转型的重要因素。以适宜的乡村营建模式促进包括工商资本、地方政府、村集体在内的多元主体利益平衡,还需要做大量的工作。

8.1   总结与提升

本书对基于多元主体"利益—平衡"机制的乡村营建模式的研究从几个方面展开:首先是集体土地使用权制度变迁机制的全面分析,揭示村集体利益的制度性特征;其次是从内部状态和外部环境两个方面对村集体的主体性进行把握,论述其衰弱趋势;随后对工商资本下乡的多元主体利益失衡过程与机理进行解析;接下来提出了多元主体利益平衡的精准赋能空间营建模式,明确了多元主体的利益平衡目标、营建策略和实施原则;最后就研究的成果进行案例实证。本书完成的主要工作及相关结论如下:

(1) 全面分析了乡村土地使用权制度在逐步融合的城乡土地市场环境下的变迁机制。围绕集体土地使用权流转和土地用途,对新中国成立以来的立法进程、国家与地方政策进行了梳理,理解和认识当前乡村土地利用复杂形态的历史渊源。得出在我国渐进式土地制度变迁中,以城市经济发展为中心的地方政策发挥了更多治理作用;村集体利益的制度性特征为福利性质,但同时也限制了土地真实价值和经济发展意愿的实现,使土地从集体经济福利变为集体经济助力,应当成为未来乡村规划与建设的政策创新要点。

(2) 从内部状态和外部环境两个方面把握了村集体的主体性特征与趋势。从村集体内部来看,由于分散的家庭经营、虚置的集体经营,导致乡村经济组织处于"有分无统"的状态,缺乏市场竞争力和效率。从外部环境来看,村集体的主体性则面临双重挑战:一方面,工商资本创造更多的利润,长期经营土地以及企业家社会资本所构成的逐利能动性对村集体构成压力;另一方面,地方政府因政绩竞争而产生经济增长需求和不均衡的乡村公共投资,影响了乡村人力资本及自治实现。村集体主体性呈现衰弱的趋势,不利于凭借内生动力发展第二、第三产业并从中受益。

(3) 对工商资本下乡的多元主体利益失衡过程与机理进行解析。从"能力-目标-行动"三个方面分析工商资本主导乡村产业发展与土地利用的过程:资本与乡村权威、地方政府形成精英联盟,强化了其主体能力;通过大规模占地和融资,谋划企业价值链优化的土地利用;在资本空间运营过程中,对物质空间的营造,消费者行为与体验,以及包括村民在内的员工个体劳动实施全面控制行动。精英联盟的能力、目标、行动的结构性匹配,村集体的能力、目标、行动的结构性缺损,导致在乡村建设及产业发展过程中,前者实现了最大化的精英联盟利益,而后者则受到了多重的显性与隐性损失。

（4）提出多元主体利益平衡的精准赋能空间营建模式。提出多元主体的利益平衡目标,并从村集体的主体性增强、产业重组与空间重构、资本与村集体空间功能动态调适,以及产业文化特色与景观风貌共塑等四个方面提出精准赋能空间的营建策略和实施原则。以土地利用政策弹性供给和金融支持输入、建立延续集体价值的农户合作社、发挥能人经纪的战略领导作用、导入社会资本与村民参与制度等强化村集体的主体性;采取产业结构调整、空间形态整体优化、基础设施串联与共建、柔性界面设置的策略实现产业重组与空间重构;对不同产业企业适用相应准入标准、动态调整村集体土地利用规划、精准调适企业与村集体空间功能以建立资本与村集体的空间功能动态关联,避免企业发展而村集体停滞,脱节分离;最后针对生产制造和旅游开发两种资本下乡类型提出产业文化特色与景观风貌的营建原则。

（5）以安吉县碧门村为例进行实证研究。在对多元主体利益困局进行把握和分析的基础上,从产业调整与空间形态优化、基础设施与柔性界面共建、渐进发展的空间功能调适和竹产业文化特色空间营造等四个方面详细描述了碧门村"精准赋能空间"的营建过程,并在案例追踪中发现村集体的主体性得到了增强,验证了多元主体"利益—平衡"营建模式对现实的指导价值。

8.2　问题与不足

多元主体利益平衡的乡村营建研究涉及工商资本、地方政府、村集体三种组织能力与利益目标都有巨大差异的主体,涉及土地制度、企业管理、政府治理、乡村自治等多方面,需要研究的内容广泛,跨越多个学科知识导致本书缺乏统一明确的理论支撑。本书立足于建筑学专业背景,研究重心集中于乡村空间营建模式与方法,由于学识储备有限,部分内容（如利益平衡)基于主观判断,有待后续研究继续论证和深入。在实证案例中,对多元主体博弈过程的描述较为薄弱,而且由于现实中政治管制、建设时序、决策机制、市场变动等方面的问题,大部分内容尚停留于规划阶段,还有待项目推进、反馈并加以修正。

8.3　愿景与展望

受到国家、各级地方政府的号召与欢迎,工商资本将乡村作为广阔的创业天地。在这一背景与趋势下,乡村营建研究与实践工作会面对不断更新的产业类型,持续演变的功能与空间形态,以及地方政府、工商资本与乡村集体之间更加多样化的利益联结和利益矛盾形式。本书建立了多元主体利益平衡的乡村营建模式,今后对该模式的进一步优化,基于建筑学专业背景,有两个方面值得深入:一是针对某种特定产业类型,积累足够多的案例,加强资本与村集体空间要素及空间关系的阐释;二是减弱利益平衡标准的模糊性,增强其客观性,如如何衡量公共服务和产品。

参考文献

学术期刊

[1] 焦长权,周飞舟. "资本下乡"与村庄的再造[J]. 中国社会科学,2016(1):100-116.

[2] 李文君. 观光农业的规划设计理论发展探析:以无锡阳山田园东方为例[J]. 中国园艺文摘,2016,32(7):116-120.

[3] 范冬阳,刘健. 第二次世界大战后法国的乡村复兴与重构[J]. 国际城市规划,2019,34(3):87-95,108.

[4] 任晓娜,孟庆国. 工商资本进入农村土地市场的机制和问题研究:安徽省大岗村土地流转模式的调查[J]. 河南大学学报(社会科学版),2015,55(5):53-60.

[5] 张斌. 论现代立法中的利益平衡机制[J]. 清华大学学报(哲学社会科学版),2005,20(2):68-74,86.

[6] 周榕. 乡建"三"题[J]. 世界建筑,2015(2):22-23.

[7] 张新光. 农业资本主义演进的普鲁士式道路:由改良到革命[J]. 中南大学学报(社会科学版),2009,15(1):27-31.

[8] 杨磊. 国外土地冲突的比较分析:样态特征与治理启示[J]. 华中农业大学学报(社会科学版),2018(4):156-164.

[9] 叶齐茂. 广亩城市(上)[J]. 国际城市规划,2016,31(6):39,119.

[10] 闫琳. 英国乡村发展历程分析及启发[J]. 北京规划建设,2010(1):24-29.

[11] 杨丽君. 英国乡村旅游发展的原因、特征及启示[J]. 世界农业,2014(7):157-161.

[12] 刘玲. 战后日本乡村规划的制度建设与启示[J]. 建筑与文化,2017(5):210-211.

[13] 夏元燕. 日本综合农协的发展、蜕变及适用性借鉴[J]. 世界农业,2016(11):40-45.

[14] 胡霞. 日本边远后进地区开发模式的反省和发展新方向[J]. 经济研究参考,2005(27):41-48.

[15] 房艳刚,刘继生. 基于多功能理论的中国乡村发展多元化探讨:超越"现代化"发展范式[J]. 地理学报,2015,70(2):257-270.

[16] 郑文俊. 旅游视角下乡村景观价值认知与功能重构:基于国内外研究文献的梳理[J]. 地域研究与开发,2013,32(1):102-106.

[17] 郭焕成,韩非. 中国乡村旅游发展综述[J]. 地理科学进展,2010,29(12):1597-1605.

[18] 车震宇,保继刚. 传统村落旅游开发与形态变化研究[J]. 规划师,2006,22(6):45-60.

[19] 李晨曦,何深静. 后生产主义视角下的香港乡村复兴研究[J]. 南方建筑,2019(6):28-33.

[20] 逯百慧,王红扬,冯建喜. 哈维"资本三级循环"理论视角下的大都市近郊区乡村转型:

以南京市江宁区为例[J]. 城市发展研究,2015,22(12):43 - 50.

[21] 徐小东,刘梓昂,徐宁,等. 多元价值导向下的产业型乡村规划设计策略:以东三棚特色田园乡村为例[J]. 小城镇建设,2019,37(5):40 - 48.

[22] 郭海. 新农村规划中农村产业结构调整与空间布局初探:以原村乡为例[J]. 中北大学学报(社会科学版),2008,24(5):29 - 31.

[23] 贺勇,孙佩文,柴舟跃. 基于"产、村、景"一体化的乡村规划实践[J]. 城市规划,2012,36(10):58 - 62,92.

[24] 王竹,徐丹华,钱振澜,等. 乡村产业与空间的适应性营建策略研究:以遂昌县上下坪村为例[J]. 南方建筑,2019(1):100 - 106.

[25] 黄玉敏. 乡村旅游发展中宅基地开发利用研究:基于两个案例村的实证分析[J]. 东南大学学报(哲学社会科学版),2016,18(S2):51 - 53.

[26] 金林子,朱喜钢. 旅游绅士化视角下乡村规划策略研究:以福清市东山村为例[J]. 城市建筑,2019,16(2):24 - 26,34.

[27] 杨廉,袁奇峰,邱加盛,等. 珠江三角洲"城中村"(旧村)改造难易度初探[J]. 现代城市研究,2012,27(11):25 - 31.

[28] 左为,吴晓,汤林浩. 博弈与方向:面向城中村改造的规划决策刍议:以经济平衡为核心驱动的理论梳理与实践操作[J]. 城市规划,2015,39(8):29 - 38.

[29] 郭臻. 转型期我国社会多元利益冲突与政府的角色定位:以广州、珠海市城中村改造的实践为例[J]. 学术研究,2008(6):69 - 73.

[30] 谭肖红,袁奇峰,吕斌. 城中村改造村民参与机制分析:以广州市猎德村为例[J]. 热带地理,2012,32(6):618 - 625.

[31] 高慧智,张京祥,罗震东. 复兴还是异化? 消费文化驱动下的大都市边缘乡村空间转型:对高淳国际慢城大山村的实证观察[J]. 国际城市规划,2014,29(1):68 - 73.

[32] 张京祥,姜克芳. 解析中国当前乡建热潮背后的资本逻辑[J]. 现代城市研究,2016,31(10):2 - 8.

[33] 吕军书,张鹏. 关于工商企业进入农业领域需要探求的几个问题[J]. 农业经济,2014(3):65 - 67.

[34] 张红宇,褟燕庆,王斯烈. 如何发挥工商资本引领现代农业的示范作用:关于联想佳沃带动猕猴桃产业化经营的调研与思考[J]. 农业经济问题,2014,35(11):4 - 9.

[35] 高娟. 保障农民利益 引领资本下乡[J]. 合作经济与科技,2012(9):34 - 35.

[36] 马九杰. "资本下乡"需要政策引导与准入监管[J]. 中国党政干部论坛,2013(3):31.

[37] 吕亚荣,王春超. 工商业资本进入农业与农村的土地流转问题研究[J]. 华中师范大学学报(人文社会科学版),2012,51(4):62 - 68.

[38] 张京祥,申明锐,赵晨. 乡村复兴:生产主义和后生产主义下的中国乡村转型[J]. 国际城市规划,2014,29(5):1 - 7.

[39] 张程. 潘维:警惕资本下乡夺走农民土地[J]. 新财经,2009(1):60 - 62.

[40] 李中. 工商资本进入现代农业应注意的几个问题[J]. 农业展望,2013,9(11):35-37.

[41] 赵俊臣. 土地流转:工商资本下乡需规范[J]. 红旗文稿,2011(4):14-16.

[42] 樊贞,廖珍杰. 景区与社区和谐发展之路探析:以湖南郴州万华岩景区为例[J]. 桂林旅游高等专科学校学报,2007(2):215-218.

[43] 于淑艳,刘蕾. 三亚旅游景区发展的社区参与研究:以槟榔谷黎苗文化旅游区为例[J]. 旅游纵览(下半月),2015(22):128,131.

[44] 张世兵,龙茂兴. 乡村旅游中社区与旅游投资商合作的博弈分析[J]. 农业经济问题,2009,30(4):49-53.

[45] 翁时秀,彭华. 权力关系对社区参与旅游发展的影响:以浙江省楠溪江芙蓉村为例[J]. 旅游学刊,2010,25(9):51-57.

[46] 李文军,马雪蓉. 自然保护地旅游经营权转让中社区获益能力的变化[J]. 北京大学学报(哲学社会科学版),2009,46(5):146-154.

[47] 景秀艳,罗金华. 旅游目的地农民幸福指数测量模型构建及应用:泰宁世界遗产地旅游乡村社区的对比分析[J]. 中国农学通报,2013,29(5):215-220.

[48] 韩松. 论总同共有[J]. 甘肃政法学院学报,2000(4):1-9.

[49] 叶凯欣,钱菁,赵勇,等. 莫干山裸心谷度假村[J]. 现代装饰,2012(9):54-65.

[50] 费尔德,李政军. 科斯定理1-2-3[J]. 经济社会体制比较,2002(5):72-79.

[51] 王覃刚. 中国政府主导型制度变迁的逻辑及障碍分析[J]. 山西财经大学学报,2005(3):15-21.

[52] 周国艳. 西方新制度经济学理论在城市规划中的运用和启示[J]. 城市规划,2009,33(8):9-17,25.

[53] 方琢. 价值链理论发展及其应用[J]. 价值工程,2001(6):2-3.

[54] 夏颖. 价值链理论初探[J]. 理论观察,2006(4):136-137.

[55] 杨林. 虚拟价值链:价值链研究的新发展[J]. 哈尔滨学院学报(社会科学),2002(11):49-54.

[56] 朱长宁. 价值链重构、产业链整合与休闲农业发展:基于供给侧改革视角[J]. 经济问题,2016(11):89-93.

[57] 王志刚. 多中心治理理论的起源、发展与演变[J]. 东南大学学报(哲学社会科学版),2009,11(S2):35-37.

[58] 乔杰,洪亮平. 从"关系"到"社会资本":论我国乡村规划的理论困境与出路[J]. 城市规划学刊,2017(4):81-89.

[59] 韩松. 农民集体土地所有权的权能[J]. 法学研究,2014,36(6):63-79.

[60] 刘芙,易玉. 农村集体土地所有权制度的法律探讨[J]. 农业经济,1999(8):34-35.

[61] 杨青贵. 集体土地所有权实现的困境及其出路[J]. 现代法学,2015,37(5):74-84.

[62] 周其仁. 中国农村改革:国家和所有权关系的变化(上):一个经济制度变迁史的回顾[J]. 管理世界,1995(3):178-189.

[63] 王沁,李凤章. 论土地使用权"出让"的性质[J]. 现代经济探讨,2016(6):84－88.

[64] 赵民,吴志城. 关于物权法与土地制度及城市规划的若干讨论[J]. 城市规划学刊,
　　　2005(3):52－58.

[65] 桂华,贺雪峰. 宅基地管理与物权法的适用限度[J]. 法学研究,2014,36(4):26－46.

[66] 曲承乐,任大鹏. 论集体经营性建设用地入市对农村发展的影响[J]. 中国土地科学,
　　　2018,32(7):36－41.

[67] 孙立峰. 新《土地管理法》的重要变化和几点思考[J]. 当代农村财经,2020(1):28－
　　　29,31.

[68] 方涧. 修法背景下集体经营性建设用地入市改革的困境与出路[J]. 河北法学,2020,
　　　38(3):149－163.

[69] 何丹,吴九兴. 农村集体经营性建设用地入市改革及其影响研究[J]. 湖北经济学院学
　　　报(人文社会科学版),2020,17(1):27－30.

[70] 王兴煜,郑斌. 浅析集体经营性建设用地入市:以地方政府的土地财政为视角[J]. 山
　　　西财政税务专科学校学报,2019,21(6):3－6.

[71] 刘洪英. 人民公社的兴亡和历史的反思[J]. 徐州师范学院学报,1995(1):41－45.

[72] 丁关良. 1949年以来中国农村宅基地制度的演变[J]. 湖南农业大学学报(社会科学
　　　版),2008(4):9－21.

[73] 黄波,魏伟. 个体工商户制度的存与废:国际经验启示与政策选择[J]. 改革,2014(4):
　　　100－111.

[74] 颜运秋,王泽辉. 国有化:中国农村集体土地所有权制度变革之路[J]. 湘潭大学学报
　　　(哲学社会科学版),2005,29(2):102－107.

[75] 姜宏. 耕地红线的合理性探讨[J]. 经济研究导刊,2013(25):36－37.

[76] 陈剑波. 波动与增长:1984—1988年乡镇企业发展分析[J]. 农业经济问题,1989,10
　　　(10):32－35.

[77] 单英华. 经济发达地区村办企业用地急待改革[J]. 农业区划,1991(3):33－35.

[78] 陆大道. 我国的城镇化进程与空间扩张[J]. 城市规划学刊,2007(4):47－52.

[79] 郑文升,金玉霞,王晓芳,等. 城市低收入住区治理与克服城市贫困:基于对深圳"城中
　　　村"和老工业基地城市"棚户区"的分析[J]. 城市规划,2007,31(5):52－56,61.

[80] 刘吉,张沛. "城中村"问题分析与对策研究[J]. 西安建筑科技大学学报(自然科学
　　　版),2003(3):243－247.

[81] 童菊儿,严斌,汪晖. 异地有偿补充耕地:土地发展权交易的浙江模式及政策启示[J].
　　　国际经济评论,2012(2):140－152.

[82] 范凌云. 社会空间视角下苏南乡村城镇化历程与特征分析:以苏州市为例[J]. 城市规
　　　划学刊,2015(4):27－35.

[83] 陆希刚. 从农村居民意愿看"迁村并点"中的利益博弈[J]. 城市规划学刊,2008(2):45－
　　　48.

[84] 林永新. 乡村治理视角下半城镇化地区的农村工业化:基于珠三角、苏南、温州的比较研究[J]. 城市规划学刊,2015(3):101 - 110.

[85] 夏健,王勇. 农村土地制度创新对农村聚落形态演化的影响分析:以江苏省苏州市为例[J]. 安徽农业科学,2008,36(5):2116 - 2118.

[86] 何子张,李晓刚. 基于土地开发权分享的旧厂房改造策略研究:厦门的政策回顾及其改进[J]. 城市观察,2016(1):60 - 69.

[87] 隆斌庆,陈灿,黄璜,等. 稻田生态种养的发展现状与前景分析[J]. 作物研究,2017,31(6):607 - 612.

[88] 吴早贵,王岳钧,吴海平. 浙江省新型农作制度发展现状与对策探讨[J]. 浙江农业科学,2016,57(5):629 - 631,634.

[89] 王强盛,王晓莹,杭玉浩,等. 稻田综合种养结合模式及生态效应[J]. 中国农学通报,2019,35(8):46 - 51.

[90] 史清华,黄祖辉. 农户家庭经济结构变迁及其根源研究:以 1986—2000 年浙江 10 村固定跟踪观察农户为例[J]. 管理世界,2001(4):112 - 119.

[91] 陈卓,吴伟光. 浙江省集体林区农户生计策略选择及其影响因素研究[J]. 林业经济评论,2014,4(1):121 - 128.

[92] 王桂英,傅河. 土地制度和流转机制的实践与走向[J]. 农业经济问题,1994,15(6):31 - 35.

[93] 张业相,郭志强,刘艳君. 农地流转初具规模 规范管理亟待加强:对常德市农村集体土地流转情况的调查与思考[J]. 湖南农业大学学报(社会科学版),2002(1):30 - 32.

[94] 蒋巍巍. 集体土地使用权及集体非农建设用地流转问题分析[J]. 中国土地科学,1996,10(S1):74 - 77.

[95] 姜爱林,叶红玲,张晏. "苏州式流转"评说:关于苏州市集体建设用地流转制度创新的若干理论思考[J]. 中国土地,2000(11):20 - 26.

[96] 叶艳妹,彭群,吴旭生. 农村城镇化、工业化驱动下的集体建设用地流转问题探讨:以浙江省湖州市、建德市为例[J]. 中国农村经济,2002(9):36 - 42.

[97] 蔡定剑,刘丹. 从政策社会到法治社会:兼论政策对法制建设的消极影响[J]. 中外法学,1999,11(2):7 - 12.

[98] 申静,王汉生. 集体产权在中国乡村生活中的实践逻辑:社会学视角下的产权建构过程[J]. 社会学研究,2005,20(1):113 - 148.

[99] 杨霞,张伟民,金文成. 2015 年 34 万户家庭农场统计分析[J]. 农村经营管理,2016(6):18.

[100] 盖梦迪,杨海娟,李飞,等. 基于产业分类的农户生计与生计产出关系探究:以西安市城郊乡村为例[J]. 中国农业资源与区划,2018,39(5):200 - 207.

[101] 史清华. 农户家庭经济资源利用效率及其配置方向比较:以山西和浙江两省 10 村连续跟踪观察农户为例[J]. 中国农村经济,2000(8):58 - 61.

[102] 折晓叶. 合作与非对抗性抵制:弱者的"韧武器"[J]. 社会学研究,2008,23(3):1 - 28.

[103] 魏立华,袁奇峰. 基于土地产权视角的城市发展分析:以佛山市南海区为例[J]. 城市规划学刊,2007(3):61 - 65.

[104] 林坚,马彦丽. 农业合作社和投资者所有企业的边界:基于交易费用和组织成本角度的分析[J]. 农业经济问题,2006,27(3):16 - 20.

[105] 孙亚范,徐琛. 江苏新型农民专业合作组织的现状与发展[J]. 现代经济探讨,2003(6):35 - 38.

[106] 程世勇,刘旸. 农村集体经济转型中的利益结构调整与制度正义:以苏南模式中的张家港永联村为例[J]. 湖北社会科学,2012(3):104 - 108.

[107] 折晓叶. 村庄边界的多元化:经济边界开放与社会边界封闭的冲突与共生[J]. 中国社会科学,1996(3):66 - 78.

[108] 李松柏. 长江三角洲都市圈老人乡村休闲养老研究[J]. 经济地理,2012,32(2):154 - 159.

[109] 蒋智华,朱翠萍. 农业产业化经营对农村剩余劳动力转移的效应分析[J]. 思想战线,2011,37(4):145 - 146.

[110] 俞昌斌. 莫干山民宿的分析探讨:以裸心谷、法国山居和安吉帐篷客为例对比[J]. 园林,2016(6):17 - 22.

[111] 饶扬德. 企业资源整合过程与能力分析[J]. 工业技术经济,2006(9):72 - 74.

[112] 魏德云,陆军,谢银娟. 温室年均净现值法投资决策分析与国外经验借鉴[J]. 世界农业,2017(5):65 - 72.

[113] 沈杰. 上海郊区民宿发展的瓶颈和对策[J]. 中国国情国力,2017(1):48 - 50.

[114] 张建斌. 从财务视角对民宿行业面临的问题及解决措施的分析[J]. 科技经济市场,2019(11):108 - 110.

[115] 周小虎. 企业家社会资本及其对企业绩效的作用[J]. 安徽师范大学学报(人文社会科学版),2002(1):1 - 6.

[116] 杨鹏鹏,万迪昉,王廷丽. 企业家社会资本及其与企业绩效的关系:研究综述与理论分析框架[J]. 当代经济科学,2005,27(4):85 - 91.

[117] 李路路. 社会资本与私营企业家:中国社会结构转型的特殊动力[J]. 社会学研究,1995(6):46 - 58.

[118] 傅勇,张晏. 中国式分权与财政支出结构偏向:为增长而竞争的代价[J]. 管理世界,2007(3):4 - 12,22.

[119] 任勇. 地方政府竞争:中国府际关系中的新趋势[J]. 人文杂志,2005(3):50 - 56.

[120] 贾俊雪,应世为. 财政分权与企业税收激励:基于地方政府竞争视角的分析[J]. 中国工业经济,2016(10):23 - 39.

[121] 宋凌云,王贤彬,徐现祥. 地方官员引领产业结构变动[J]. 经济学(季刊),2013,12(1):71 - 92.

[122] 刘佳,吴建南,马亮. 地方政府官员晋升与土地财政:基于中国地市级面板数据的实证分析[J]. 公共管理学报,2012,9(2):11-23.

[123] 骆永民,樊丽明. 中国农村基础设施增收效应的空间特征:基于空间相关性和空间异质性的实证研究[J]. 管理世界,2012(5):71-87.

[124] 周君,周林. 新型城镇化背景下农村基础设施投资对农村经济的影响分析[J]. 城市发展研究,2014,21(7):14-17,23.

[125] 邓茗尹,张继刚. 新型城镇化背景下城乡社会性基础设施的规划策略[J]. 农村经济,2016(2):108-111.

[126] 单彦名,赵辉. 北京农村公共服务设施标准建议研究[J]. 北京规划建设,2006(3):28-32.

[127] 孙垚飞,黄春晓. 农村基本公共服务配置的反思与建议[J]. 规划师,2018,34(1):106-112.

[128] CHAUDHURI S,RAVALLION M. 中国和印度不平衡发展的比较研究[J]. 经济研究,2008(1):4-20.

[129] 贺雪峰. 行政还是自治:村级治理向何处去[J]. 华中农业大学学报(社会科学版),2019(6):1-5.

[130] 朱战辉. 村级治理行政化的运作机制、成因及其困境:基于黔北米村的经验调查[J]. 地方治理研究,2019(1):43-56.

[131] 李祖佩,曹晋. 精英俘获与基层治理:基于我国中部某村的实证考察[J]. 探索,2012(5):187-192.

[132] 贺雪峰. 当下中国亟待培育新中农[J]. 人民论坛,2012(13):60-61.

[133] 章光日,顾朝林. 快速城市化进程中的被动城市化问题研究[J]. 城市规划,2006,30(5):48-54.

[134] 欧阳文婷,吴必虎. 旅游发展对乡村社会空间生产的影响:基于开发商主导模式与村集体主导模式的对比研究[J]. 社会科学家,2017(4):96-102.

[135] 冯川. "联村制度"与利益密集型村庄的乡镇治理:以浙东 S 镇 M 村的实践为例[J]. 公共管理学报,2016,13(2):38-48.

[136] 曹正汉. 中国上下分治的治理体制及其稳定机制[J]. 社会学研究,2011,25(1):1-40.

[137] 徐旭初,吴彬. 异化抑或创新?:对中国农民合作社特殊性的理论思考[J]. 中国农村经济,2017(12):2-17.

[138] 池敏青,周琼. 台湾农民创业园总体规划分析及探讨:以仙游和漳平为例[J]. 台湾农业探索,2011(2):9-13.

[139] 任耘. 乡村振兴战略下乡村旅游用地法律问题探究[J]. 西南交通大学学报(社会科学版),2018,19(6):121-127.

[140] 周红. 说说古北水镇特色小镇融资案例[J]. 国际融资,2017(9):58-61.

[141] 邰艳丽,尹路. 特色小镇规划设计与建设运营研究[J]. 小城镇建设,2018(5):5-11.

[142] 农业部农村经济体制与经营管理司负责人解读中央一号文件[J]. 蔬菜,2013(3):3-6.

[143] 许建明,王燕武,李文溥. 农业企业对农民收入的增益效应:来自于福建漳浦农业企业集群的"自然实验"[J]. 中国乡村研究,2015(1):179-197.

[144] 廖斌,谢文君,马腾跃,等. 篁岭青山变"金山":乡村旅游扶贫的江西金融实践[J]. 中国金融家,2018(12):123-124.

[145] 冯小. 资本下乡的策略选择与资源动用:基于湖北省 S 镇土地流转的个案分析[J]. 南京农业大学学报(社会科学版),2014,14(1):36-42.

[146] 黎卉敏,万田户. 篁岭景区营销策略研究[J]. 现代营销(下旬刊),2018(2):60.

[147] 张定春. 古北水镇是如何操盘的[J]. 中国房地产,2016(35):41-43.

[148] 赵方忠. 古北水镇长成记[J]. 投资北京,2015(5):60-62.

[149] "晒"出乡村新景致:江西省婺源县篁岭农村产业融合发展案例[J]. 中国经贸导刊,2016(34):27-28.

[150] 俞烨钢,费亚英. 婺源篁岭民宿式酒店改造设计项目研究及应用[J]. 美与时代(城市版),2018(3):46-47.

[151] 王强,张育芬,龙肖毅,等. 基于景观基因信息链的传统聚落旅游体验开发模式:以婺源"篁岭"古村为例[J]. 江西科技师范大学学报,2019(3):71-80.

[152] 陈行,程露,车震宇. 非宜居特色村落历史资源保护利用浅析:以婺源县篁岭村为例[J]. 小城镇建设,2018(5):113-119.

[153] 郑艳萍. 符号化运作在传统村落旅游开发中的运用:以婺源"篁岭晒秋"为例[J]. 老区建设,2017(4):68-71.

[154] 罗强强,陈婷婷. 土地流转、资源动员与农民分化:基于宁夏红寺堡区 B 村的研究[J]. 湖北民族学院学报(哲学社会科学版),2019,37(4):124-130.

[155] 张春美,黄红娣. 农村居民对乡村旅游精准扶贫政策的满意度及影响因素:基于婺源旅游地搬迁移民和原住居民的调查[J]. 江苏农业科学,2017,45(13):311-314.

[156] 刘宇峰,王海平,周琼,等. 台湾农民创业园规划编制方法与实践分析[J]. 台湾农业探索,2012(5):10-15.

[157] 冯嘉. 为什么古北水镇不可复制[J]. 中国房地产,2019(14):26-30.

[158] 饶静. 不同类型农业经营主体对高效节水农业技术推广的回应研究:以河北省 Z 市滴灌技术推广为例[J]. 中国农村水利水电,2016(12):16-18,23.

[159] 杨洁莹,张京祥. 基于法团主义视角的"资本下乡"利益格局检视与治理策略:江西省婺源县 H 村的实证研究[J]. 国际城市规划,2020,35(5):98-105.

[160] 林超. 中越农村宅基地管理制度比较与借鉴[J]. 世界农业,2018(9):107-113.

[161] 王向东,刘卫东. 土地利用规划:公权力与私权利[J]. 中国土地科学,2012,26(3):34-40.

[162] 王小映. 土地股份合作制的经济学分析[J]. 中国农村观察,2003(6):31-39.

[163] 何仁伟,刘邵权,陈国阶,等. 中国农户可持续生计研究进展及趋向[J]. 地理科学进

展,2013,32(4):657-670.

[164] 王妍. 个体工商户:中国市民社会的重要力量及价值[J]. 河南省政法管理干部学院学报,2010,25(1):57-66.

[165] 牛静,张锋. 中国台湾农民创业模式[J]. 世界农业,2013(5):132-133.

[166] 康佩芬,林建南,陈朝晞. 漳浦台湾农民创业园金融服务调查及建议[J]. 福建金融,2012(11):50-52.

[167] 王万江,解安. 农地股份合作制的三种实践模式比较分析[J]. 农业经济,2016(11):85-87.

[168] 郑风田,阮荣平,程郁. 村企关系的演变:从"村庄型公司"到"公司型村庄"[J]. 社会学研究,2012,27(1):52-77.

[169] 李炳生. 关于发展村级经济的做法[J]. 老区建设,1991(12):21-22.

[170] 刘骏,陈倩文,周容,等. 农村土地股份合作社的融资路径研究[J]. 湖北农业科学,2017,56(9):1787-1790.

[171] 卢福营. 村民自治与阶层博弈[J]. 华中师范大学学报(人文社会科学版),2006(4):46-50.

[172] 商意盈,李亚彪,庞瑞. 富人治村:"老板村官"的灰色质疑[J]. 决策探索(上半月),2009(10):62-63.

[173] 蔡凌. 建筑-村落-建筑文化区:中国传统民居研究的层次与架构探讨[J]. 新建筑,2005(4):4-6.

[174] 车震宇,翁时秀,王海涛. 近20年来我国村落形态研究的回顾与展望[J]. 地域研究与开发,2009,28(4):35-39.

[175] 史清华,彭小辉,张锐. 中国农村能源消费的田野调查:以晋黔浙三省2253个农户调查为例[J]. 管理世界,2014(5):80-92.

[176] 朱超飞,林涛. 国内外太阳能与建筑结合的应用现状研究[J]. 中国住宅设施,2019(3):100-105.

[177] 刘银秀,董越勇,边武英,等. 浙江省农村沼气利用典型技术的表征和演进[J]. 浙江农业科学,2019,60(12):2295-2299,2303.

[178] 温泽坤,邱国玉. 中国家庭式光伏发电的环境与经济效益研究:以江西5 kW光伏系统为例[J]. 北京大学学报(自然科学版),2018,54(2):443-450.

[179] 贺勇,王竹,徐淑宁. 滨水住区"柔性界面"探讨:以京杭大运河(杭州城区段)为例[J]. 华中建筑,2006,24(3):101-104.

[180] 么秋月. 采访实录:有关"大棚房"整治的观点[J]. 农业工程技术,2019,39(10):24-26.

[181] 么秋月. 科学加持下的玻璃温室才可以"诗意"生产:访北京极星农业有限公司总经理徐丹[J]. 农业工程技术,2019,39(31):62-65.

[182] 赵珂,赵钢. "非确定性"城市规划思想[J]. 城市规划汇刊,2004(2):33-36.

[183] 王竹,孙佩文,钱振澜,等. 乡村土地利用的多元主体"利益制衡"机制及实践[J]. 规

划师,2019,35(11):11 - 17,23.

[184] 朱晓青,吴屹豪. 浙江模式下家庭工业聚落的空间结构优化[J]. 建筑与文化,2017 (7):78 - 82.

[185] 李王鸣,楼铱. 乡村景观的产业机理分析:以浙江省安吉县的乡村为例[J]. 华中建筑,2010,28(1):117 - 119.

[186] 李翅,吴培阳. 产业类型特征导向的乡村景观规划策略探讨:以北京市海淀区温泉村为例[J]. 风景园林,2017(4):41 - 49.

[187] 王竹,朱怀. 基于生态安全格局视角下的浙北乡村规划实践研究:以浙江省安吉县大竹园村用地规划为例[J]. 华中建筑,2015,33(4):58 - 61.

[188] 方中权,郭艺贤. 法国乡村旅游产品的营销及其经验:以 Le Relais de Chenillé 公司为例[J]. 人文地理,2007(5):76 - 79.

[189] 戴林琳. 从城市到乡村:节事及节事旅游在乡村地域的发展动因及其应用前景[J]. 地域研究与开发,2012,31(06):76 - 81,86.

[190] 孙琴. 乡村节事对乡村旅游的推动作用研究:以上海桃花节为例[J]. 现代商业,2013 (19):92 - 94.

[191] 朱康对,朱呈访,潘姬熙. "淘宝村"现象与温州网络经济发展:基于永嘉西岙"淘宝村"的案例研究及政策建议[J]. 温州职业技术学院学报,2015,15(1):23 - 26.

[192] LADURIE E L. Révoltes et contestations rurales en France de 1675 à 1788[J]. Annales. Histoire, Sciences Sociales,1974(29):6 - 22.

[193] BORRAS S M,CARRANZA D,FRANCO J C. Anti-poverty or Anti-poor? The World Bank's market-led agrarian reform experiment in the Philippines[J]. Third World Quarterly,2007,28(8):1557 - 1576.

[194] NGIN C,VERKOREN W. Understanding power in hybrid political orders:Applying stakeholder analysis to land conflicts in Cambodia[J]. Journal of Peacebuilding and Development,2015,10(1):25 - 39.

[195] FIRMAN T. Rural to urban land conversion in Indonesia during boom and bust periods[J]. Land Use Policy,2000,17(1):13 - 20.

[196] CLAYMONE Y,JAIBORISUDHI W. A study on one village one product project (OVOP) in Japan and Thailand as an alternative of community development in Indonesia:A perspective on Japan and Thailand[J]. The International Journal of East Asian Studies,2011,16(1):51 - 60.

[197] RIMMER P J. Japan's 'resort archipelago':Creating regions of fun, pleasure, relaxation, and recreation[J]. Environment and Planning A:Economy and Space,1992,24(11):1599 - 1625.

[198] COASE R H. The nature of the firm[J]. Economica,1937,4(16):386 - 405.

[199] ALCHIAN A A. Some economics of property rights[J]. Ⅱ Politico,1965,30(4):

816 - 829.

[200] RAYPORT J F, SVIOKLA J J. Exploiting the virtual value chain[J]. Harvard Business Review, 1995, 73(6): 75 - 85.

[201] HECKMAN J J. China's human capital investment[J]. China Economic Review, 2005, 16(1): 50 - 70.

[202] DASGUPTA A, BEARD V A. Community driven development, collective action and elite capture in Indonesia[J]. Development and Change, 2007, 38(2): 229 - 249.

专(译)著

[1] 约翰斯顿. 人文地理学词典[M]. 北京:商务印书馆,2004.

[2] 金其铭. 中国农村聚落地理[M]. 南京:江苏科学技术出版社,1989.

[3] 萨缪尔森. 经济学[M]. 北京:商务印书馆,2013.

[4] 霍华德. 明日的田园城市[M]. 北京:商务印书馆,2000.

[5] 拉金,法伊弗. 弗兰克·劳埃德·赖特:经典作品集[M]. 北京:电子工业出版社,2012.

[6] 方明,董艳芳. 新农村社区规划设计研究[M]. 北京:中国建筑工业出版社,2006.

[7] 科斯. 财产权利与制度变迁:产权学派与新制度学派译文集[M]. 上海:上海人民出版社,1994.

[8] 威廉姆森. 资本主义经济制度:论企业签约与市场签约[M]. 北京:商务印书馆,2002.

[9] 诺斯. 制度、制度变迁与经济绩效[M]. 上海:上海三联书店,1994.

[10] 林毅夫. 林毅夫自选集[M]. 太原:山西经济出版社,2010.

[11] 陈小君. 农村土地法律制度研究:田野调查解读[M]. 北京:中国政法大学出版社,2004.

[12] 周黎安. 转型中的地方政府:官员激励与治理[M]. 2版. 上海:上海人民出版社,2017.

[13] 张五常. 中国的经济制度[M]. 神州大地增订版. 北京:中信出版社,2009.

[14] WALLERSTEIN I. The modern world-system I: Capitalist agriculture and the origins of the European world-economy in the sixteenth century[M]. New York: Academic Press, 1974.

[15] KRIEDTE P. Peasants, landlords, and merchant capitalists: Europe and the world economy, 1500 - 1800[M]. Cambridge: Cambridge University Press, 1983.

[16] MANTOUX P. The industrial revolution in the eighteenth century: An outline of the beginnings of the modern factory system in England[M]. London: Routledge, 2006.

[17] HENDRY J, RAVERI M. Japan at play: The ludic and the logic of power[M]. New York: Routledge, 2002.

学位论文

[1] 冯小. 去小农化:国家主导发展下的农业转型[D]. 北京:中国农业大学,2015.

[2] 郭吉. 乡村旅游绅士化及其空间响应机制研究[D]. 苏州:苏州科技大学,2017.

[3] 侯静珠. 基于产业升级的村庄规划研究[D]. 苏州:苏州科技学院,2010.

[4] 王振文. 农业转型背景下的近郊型山地乡村空间更新研究[D]. 重庆:重庆大学,2016.

[5] 卢子龙. 以休闲农业为主导的湘南地区城郊型乡村规划设计研究[D]. 长沙:湖南大学,2014.

[6] 游洁敏. "美丽乡村"建设下的浙江省乡村旅游资源开发研究[D]. 杭州:浙江农林大学,2013.

[7] 郑媛. 旅游导向下的环莫干山乡村人居环境营建策略与实践[D]. 杭州:浙江大学,2016.

[8] 孟航宇. 徐州地区农村庭院发展状况与设计研究[D]. 徐州:中国矿业大学,2014.

[9] 韩茉. 庭院经济视角下大房子村院落空间整合研究[D]. 沈阳:沈阳建筑大学,2016.

[10] 黎智辉. 城中村改造实施机制研究[D]. 武汉:华中科技大学,2004.

[11] 黄皓. 对"城中村"改造的再认识[D]. 上海:同济大学,2006.

[12] 张程亮. 多元利益平衡下的大学城城中村更新方向与规划对策研究[D]. 重庆:重庆大学,2011.

[13] 徐亦奇. 以大冲村为例的深圳城中村改造推进策略研究[D]. 广州:华南理工大学,2012.

[14] 唐甜. 广州市城中村改造的效益分析[D]. 广州:华南理工大学,2011.

[15] 陈盈盈. 城中村改造中村民利益保障研究[D]. 南昌:江西农业大学,2018.

[16] 庄志强. 广州市城中村改造政策与创新策略研究[D]. 上海:同济大学,2008.

[17] 潜莎娅. 基于多元主体参与的美丽乡村更新建设模式研究[D]. 杭州:浙江大学,2015.

[18] 邓若璇. 乡村振兴战略下南宁市近郊区旅游型村庄规划设计研究[D]. 南宁:广西大学,2019.

[19] 韩雨薇. 基于多元主体参与的苏南乡村环境更新规划研究[D]. 苏州:苏州科技大学,2017.

[20] 蓝春. 利益主体视角下乡村经营模式研究[D]. 南京:南京大学,2015.

[21] 史尧露. 农民权益保护视角下田园综合体建设研究[D]. 苏州:苏州科技大学,2019.

[22] 姚龙. 从化乡村发展类型与模式研究[D]. 广州:华南理工大学,2014.

[23] 孙炜玮. 基于浙江地区的乡村景观营建的整体方法研究[D]. 杭州:浙江大学,2014.

[24] 林萍. 组织动态能力研究[D]. 厦门:厦门大学,2008.

[25] 王璐. 旅游景区类企业盈利模式研究[D]. 唐山:华北理工大学,2015.

[26] 冯思源. 边缘化村庄"多元共治"构建研究[D]. 武汉:武汉理工大学,2016.

[27] 杨惠. 土地用途管制法律制度研究[D]. 重庆:西南政法大学,2010.

[28] 庄志强. 广州市城中村改造政策与创新策略研究[D]. 上海:同济大学,2008.

[29] 龙开胜. 农村集体建设用地流转:演变、机理与调控[D]. 南京:南京农业大学,2009.

[30] 袁央. 集体建设用地流转模式比较[D]. 杭州:浙江大学,2014.

[31] 张秀莲. 我国农村基础设施投入及其影响因素研究[D]. 南京:南京农业大学,2012.

[32] 刘艳. 农地使用权流转研究[D]. 大连:东北财经大学,2007.

[33] 冯道杰. 改革开放以来集体化与分散型村庄发展比较研究[D]. 济南:山东大学,2016.

[34] 赵学强. 基层政府侵犯农民土地权益及治理研究[D]. 天津:南开大学,2014.

[35] 张彪. 县域城镇体系规划政策研究[D]. 合肥:安徽大学,2012.

[36] 刘雪婷. 中国旅游产业融合发展机制理论及其应用研究[D]. 成都:西南财经大学,2011.

[37] 张兆娟. 我国文化旅游地产开发运营模式研究[D]. 南京:南京艺术学院,2015.

[38] 董晓菲. 休闲农业地产项目产品策划研究[D]. 北京:北京交通大学,2017.

[39] 郭庆. 产权置换模式下婺源篁岭景区—社区竞合研究[D]. 昆明:云南师范大学,2018.

[40] 刘艳. 论美国土地使用管理中的CBAs及对中国的启示[D]. 长沙:湘潭大学,2014.

[41] 曹树余. 基于农村休闲旅游下农户生计转型研究[D]. 天津:天津工业大学,2018.

[42] 孙瑜. 乡村自组织运作过程中能人现象研究[D]. 北京:清华大学,2014.

[42] 赵航. 休闲农业发展的理论与实践[D]. 福州:福建师范大学,2012.

[43] 孟娜. 农业科技示范园的规划设计研究[D]. 上海:上海交通大学,2014.

报告

[1] 国家发展和改革委员会. 农村基础设施建设发展报告(2013年)[R]. 北京:国家发展和改革委员会,2013:13.

[2] ODPM. A Farmer's Guide to the Planning System[R]. London:Office of the Deputy Prime Minister,2002:45.

报纸

[1] 张文广. 给"资本下乡"戴上法律笼头[N]. 经济参考报,2014-01-22(6).

[2] 裴路霞. 篁岭开发是古村生命的延续[N]. 中国旅游报,2015-07-08(16).

电子文献

[1] 温铁军. 专家眼中的湖州模式[EB/OL]. (2010-11-24)[2019-09-22]. http://news.cntv.cn/20101124/105903.shtml.

[2] 赵红梅,黄真. 论物权法与土地法的关系:兼论土地法是否系土地行政管理法?[EB/OL]. (2002-12-24)[2020-02-09]. http://aff.whu.edu.cn/riel/article.asp?id=25336.

[3] 国家统计局. 新中国50年系列分析报告之六:乡镇企业异军突起[EB/OL]. (1999-09-18)[2019-12-20]. http://www.stats.gov.cn/ztjc/ztfx/xzg50nxlfxbg/200206/

t20020605_35964. html.

［4］农业部新闻办公室. 我国首次家庭农场统计调查结果显示：全国家庭农场达87.7万个平均经营规模超过200亩［EB/OL］. （2013 - 06 - 04）［2019 - 12 - 08］. http：//www. moa. gov. cn/xw/zwdt/201306/t20130604_3483252. htm.

［5］人民网. 江西婺源篁岭村的乡村旅游扶贫富民实践［EB/OL］. （2017 - 02 - 25）［2020 - 02 - 10］. http：//jx. people. com. cn/GB/n2/2017/0225/c186330-29768157. html.

［6］彭启有. 中山一村委会干的"好事"：743.4万元卖地，1900万元赎回［EB/OL］. （2018 - 12 - 27）［2019 - 11 - 02］. http：//news. ycwb. com/2018-12/27/content_30163022. htm.

［7］江西财经大学新闻网. 邹勇文等研究报告获严隽琪副委员长批示［EB/OL］. （2016 - 11 - 16）［2020 - 01 - 05］. http：//news. jxufe. cn/news-show-30755. html.

［8］宋应军. 中国乡村旅游示范第一村袁家村一年赚10个亿的秘密（上篇）［EB/OL］. （2017 - 11 - 01）［2019 - 09 - 12］. https：//www. sohu. com/a/201609006_653396.

［9］李沛. 青岛光伏大棚27省市"发光"全国做"样本"［EB/OL］. （2016 - 07 - 22）［2019 - 12 -17］. https：//www. sohu. com/a/107058809_114891.

后 记

我 20 世纪 80 年代在杭州的一个城中村——白荡海长大。听父亲说,白荡海得名于曾经宽广似海的荷塘,鱼儿肥硕、莲子饱满。而彼时的鱼塘已经被新旧建筑团团围住,断绝了与附近河流的联系,风光不在。村内目之所及是形式各异的农宅和宽窄不一的巷子,由于汽车尚未普及,可以任由孩子们在室外奔跑嬉戏,鱼塘是唯一的禁区,私自打水漂、捉蝌蚪的孩子会被路过的大人提醒离开。在白荡海,除了几位老人扛锄头、挑肥在鱼塘边的自留地种菜之外,大部分村民的工作、生活与城里人无异。当然,年幼如我也看得出这里的环境迥异于周边房屋整齐排列的单位住宅区、宁静的大学校园、绿树成荫的城市道路和私家园林式的公园。

在迈入千禧年之际,传来了白荡海土地被全部征用的消息。可能早已受够了自家房子在初中同学圈里的与众不同,我对这个"喜讯"期待不已,对随之而来的各种议论、争吵也完全没有了解的兴趣。经过签约、搬家、选房、装修,两年后我和家人、其他村民以及更多陌生人住进了白荡海小区里的新家。长辈们还会聊起与农村相关的话题,从"A 村居然也在开发,谁会去那么偏地方买房"的笑谈,到发出"房价涨了,现在 B 村拆迁补偿那么多"的惊叹,进而产生"白荡海人亏了,村干部当年应该是被开发商骗了"的猜疑,以及"爬楼梯好累,老房子其实更适合住"的怀念。

也许正是这些成长经历冥冥之中指引我拜入王竹教授门下深造。随王老师到各地调研,我发现"乡村"与记忆中的白荡海相似却有所不同。为了参与城市主导的经济社会活动,白荡海用空间的彻底重组换来了人的完全融入,乡村之中也有一小部分实现了发展,例如用大片土地换取低廉但稳定的租金,以拥堵、喧闹甚至污染为代价创造就业机会等等。前辈的功过得失需要由后辈来领悟,本书对已发展的乡村可谓迟来的思考,但对大多数乡村而言,本书指向了一个值得争取的、更美好的未来。

在本书的长期酝酿过程中,很幸运有很多人给予我指导和支持。我首先要感谢的人无疑就是我的导师王竹教授。我有幸在他的引领之下进入乡村建设研究领域,王老师宽厚的师者风范、丰厚的学识积淀、严谨的治学态度、敏锐的学术头脑令我景仰。本书研究的问题曾久久困扰着我,在我一度把好奇心转移到了其他方向,甚至有些偏离轨道时,他对我显示了非凡的耐心和包容。在随后研究方向的确定、研究框架的建立到逐字逐句的修改润色,王老师自始至终给予我悉心指导,并用亲切关怀鼓励我不断前进。我希望他觉得对我的付出是值得的。学术研究离不开研究团队的共同努力,正是团队浓厚的学术氛围,为选题的形成、体系架构和内容充实提供了扎实的素材。感谢钱振澜、徐丹华、项越、郭睿、郑媛、朱怀、孙炜玮、林涛、王韬等师兄师姐和同门,本书在你们的启发下得到深入。

我不能忘记杭州临安白沙村的潘国星、杨志芳、潘国华、王春虎、夏剑、夏重德、王惠平等村民朋友,他们慷慨的招待、无保留的交流让我收获了真实乡村的宝贵体验,通过王老师的点化形成了以村民主体利益为主题的研究方向。

最后,要特别感谢家人为我的写作提供了精神和物质上的全力支持。

孙佩文

2023 年 2 月于杭州